葡萄酒与大海

Le Vin & la Mer

法国中世纪壁毯《贵妇人与独角兽》（*Dame à la Licorne*）局部：美味。

Le Vin & la Mer

葡萄酒与大海

[法] 马尔克・拉格朗日（Marc Lagrange）著
朱江月 译

人民东方出版传媒
People's Oriental Publishing & Media
東方出版社
The Oriental Press

目 录

Contents

《马赛港内景》，维尔奈·约瑟夫（Vernet Joseph，1714—1789）作。

序言

“葡萄酒与大海之间有何共通之处呢？”我暗自思忖着，从作者手中接过这份手稿。大海与葡萄酒，一个天然地占据了我们星球将近四分之三的面积，而另一个则只出自剩下的土地的一小部分，并且得之不易，需要许多劳作和技巧。一个是蓝色或绿色的，有时又呈现出白色、黑色或红色，另一个更多的是红色和白色，时而又呈现出玫瑰、墨绿或金黄的色泽。还有，大海的味道是咸的，葡萄酒却是甜的，等等等等。

头绪在哪里呢？我思索着。我徒劳地寻找着大海与葡萄酒之间的关系，却毫无进展。或许它们的关系比我想象得要简单：葡萄酒里掺些水，这一点儿也不美味，而水里灌上些葡萄酒呢，甚至都没听说过。或许它们的关系更复杂：是不是哪些神话故事中曾提到过葡萄酒的海洋，或者在某些炼金术士那里存在着海水酿成的酒？

带着这样的担心，我决心打开这本书，在这里我发现了许许多多关于酒桶、酒瓮、航船、沿海葡萄园和涌动在葡萄园下的大海的故事和谚语，更不用说那些数目繁多的技术、经济、历史、词源信息，层出不穷的逸闻趣事，以及关乎酿酒、美食、生物、病理的小插曲，它们遍布于书页的每一个角落。正是因着马尔克·拉格朗日（Marc Lagrange）所拥有的令人震惊的渊博学识和永不满足的好奇心，大海与葡萄酒的关系（至少对他来讲）从不构成难题。

然而，尽管如此，还有一个奇怪的问题无法回避。为什么作者

Preface

会选择我，一个化石研究者来为他撰写序言呢？

当然，我热爱大海，我几乎每年都会去航海；当然，我也热爱葡萄酒，我几乎每年都要加入一个新的品酒协会。但是我的确既不是水手也不是酿酒师。

我知道，在地球千百万年的历史中，大海不舍昼夜地潮涨潮落，在海底盆地形成了大量沉积物，如今这些海底盆地浮出水面，造福了许许多多的葡萄园。

我也知道，在人类意识250万年的发展史中，人们坚持不懈地采摘、品尝、等待发酵、再品尝，收获了许多沉淀于羊皮酒壶底的佳酿，它们在丰富的文化中日臻醇美。

但是，仅仅这些就足以构成由我来撰写序言的理由了吗？促成此事的，是马尔克·拉格朗日和我之间的友谊。尤其是我对他本人、他的才华、他的生活艺术所怀有的倾慕之情，让我接受了这个不可能完成的任务。聆听这首颂歌，它赞美自然的伟大，人类的天才。我邀请好奇的、热爱美食的读者，与作者和这位撰写序言的人一道，共同歌唱和品尝其中的乐趣。

伊夫·科潘斯 教授(Yves Coppens)[1]

[1] 伊夫·科潘斯，Yves Coppens，法国当代古生物学泰斗，于1985年当选法国科学院院士。

圆盘：《进入挪亚方舟》，
I.C. 师傅（十六世纪）作。

Introduction

引言

挪亚以葡萄而非航海拯救了人类

米歇尔 · 塞尔（Michel Serre）

诗人在排列整齐的葡萄田垄中望见了海洋的波涛。勃艮第人G · 胡布奈尔（G. Roupnel）把他的种植区比作在葡萄海中漂游的一艘船的船首；波尔多的葡萄园一句话的功夫就变成了法国葡萄种植业的司令舰；谚语有云，溺死在葡萄酒中的人多于溺死在地中海里的人；船舶的规格以桶为度量，这是波尔多的度量单位：竟然有这么多语义类似的说法！

这些取自葡萄酒发展史中与大海相关的隐喻，尤为鲜明地表现了两个世界——大海与葡萄酒，以及两位神明——海神与酒神——之间令人惊奇而又意想不到的紧密联系。表面上看，他们是那样格格不入。

如果缺乏第一手资料，一部如此题材的作品似乎显得过于大胆，但是随着对海与酒这两个方面的阅读的深入，这本书的独创性开始逐一显露。

在这本书的撰写过程中，每一次转机都让我深感幸运，这种感觉唤起了种种突如其来的、潜在的、随意的、始料不及的想法，但这些想法同时又是清晰可见的（船舶的下水典礼、禁令、地名录、语义学），我还很幸运地与很多热情洋溢的人物会面：葡萄园主或工厂主，水手或历史学家，餐馆老板或科学家，收藏家或葡萄酒的狂热爱好者。我是多么地幸福啊！有这么多虚拟的、与书本和机器的交流，有这么多充实而实在的会面，总是伴随着人们的善意和知识的共享！“谢谢您，葡萄酒大人！”（科莱特语，Colette）

土地与大海，实际上，这两个世界在日常生活中相互渗透着，以便最终获得大西洋或地中海两岸消费者的青睐。葡萄酒的文明在本质上难道不就是地中海，这个被荷马准确无误地称作“葡萄海”的文明吗？离我们更近的一位作家列昂纳多·夏夏（Leonardo Sciascia）[1]写了一本小说献给“被葡萄酒染红的大海”！

水，是生命；大海，是我们的家园。大海与大洋覆盖了地球将近五分之四的面积！葡萄酒平均含有85％的水分。富于创造力的人类，葡萄酒的爱人们，他们陶醉在这温柔的液体中、身处在这带着咸味的水域中，却如何会对维克多·雨果的这句话置若罔闻呢：“上帝只创造了水，但是人类创造了葡萄酒。”

正如葡萄酒一样，大海在激烈的时刻将人类团结起来。人们在大海中发现的是欢乐、是灾难，时而还伴随着痛苦。

总之，大海的果实通过一系列复杂的过程与葡萄的果实联姻。一条地平线，几股热带风，一棵海洋松的树影，海边的一张美丽的餐桌，一瓶美酒，一场热烈的友谊，这一切难道不是在向绝对的幸福靠拢吗？所以，来吧，去冲浪，去品酒，在这些连通大海与葡萄酒的一座座栈桥上，只为文学的清风沉醉，而不会被别的浪潮卷走。但是不要忘记那些海员，他们与大海搏斗，这是每一次出征的永恒挑战；也不要忘记那些葡萄园主，他们为葡萄收获而忙碌，为每一瓶葡萄酒的制造年份而接受挑战。

无论是在陆地还是海洋，这些人们承担着同样的恐惧。这恐惧来自他们时常仰望的天空，因为从那里什么都有可能降临：阳光与甘霖，干燥的风和可怕的风暴，破坏性的冰雹和摧毁一切的暴雨。

[1]列昂纳多·夏夏，Leonardo Sciascia，1921—1989，意大利作家、政治家。

点点滴滴，每一个读者都可以根据自己对大海或葡萄酒的喜好，找到属于自己的乐趣。祝你们每一个人旅途愉快，在平静与谦和中分享杯盏与大海带来的愉悦。

马尔克·拉格朗日

2008年，于讷韦尔—什德（Nevers-Chiddes）

《秋》，朱塞佩·阿尔钦博托（Arcimboldo Giuseppe，约1527—1593）作。

圣托贝（Saint-Tropez）红色的海底沉淀物，保罗·西尼阿克（Paul Signac）作。

CHAPTER 1

第 1 章

太初有海

Le Vin & la Mer

我们都爱葡萄酒，更确切地说，是爱葡萄产区出产的葡萄酒。“葡萄产区”(Terroir)这个词的内涵经常被低估。实际上它不仅仅限于一个地质学概念，同样涵盖了关于产地的一切技术条件和历史文化条件。因此，可以肯定的是，大海与大洋影响着四分之三或五分之三的葡萄产区。

被大海塑造的土壤与底土

Le Vin & la Mer

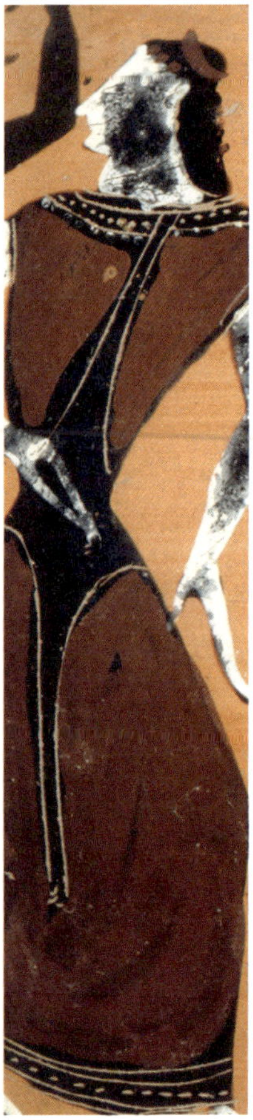

在法国，有哪些葡萄种植区没有经历过大海的洗礼呢？当然没有！最顶尖的葡萄种植区无一例外，这包括波尔多、香槟区、勃艮第、整个卢瓦尔河谷地、朗格多克和普罗旺斯，它们占据了绝大部分的葡萄产区。除了一些山区，几乎没有葡萄园能够逃脱海洋或多或少的影响。

如果说现在的葡萄园占据了极为古老的海洋岩块，那么只有那些沉在湖底或沼泽底的岩石才能存留葡萄树的化石痕迹。从地质学的角度来讲，葡萄树最遥远的祖先是在巴黎盆地的石灰华岩块（由盆地源头经水溶形成的钙质菌块）中被发现的。这些湖泊中的岩块约有 5800 万年的历史，显示了这里曾是适于藤本植物生长的亚热带气候。

在许多其他的有利于葡萄生长的海洋岩石中，启莫里阶泥灰岩是一种由土壤残渣（黏土）形成的海洋矿床，富含离子的残渣沿河入海，通过水流的运输与碳酸钙盐晶体（石灰石）一同沉降到海底，再经由浮游生物、软体动物和珊瑚整体合成。

几百万年之后，这些岩石因地壳运动而浮出水面。直至今日，岩石中积存的大量雨水可以为葡萄园全年的生长提供充足的水分。

这样的体系有利于葡萄园产出具有代表性芳香的葡萄

酒，其中由长相思（Sauvignon）和霞多丽（Chardonnay）酿出的葡萄酒尤为香醇。葡萄园的不同“气候”与这些泥灰岩中的碳酸盐浓度相对应。如果碳酸盐的浓度非常高，那么葡萄树就得忍受贫瘠土地的干燥。如果浓度太低，葡萄树的根会很浅，不利于白葡萄品种散发芳香。两个多世纪以来，在这些非常适于葡萄种植的泥灰岩中，包括利于香槟（Champagne）产区的葡萄园的奥布 (Aubois) 海岸，以及桑塞尔（Sancerrois）和梅纳都—沙龙（Menetou-Salon）地区的葡萄种植区。

葡萄风土的多样性成就了葡萄园的丰富形态。
左：燧石，索留特雷期的月桂树树叶。
右：页岩，被称作“熊的狩猎”的雕刻页岩石板，在贝什阿莱 (Péchialet) 岩洞或犬岩洞 (grotte du Chien) 中被发现。

但是能享有此等条件的地区还不止这些。让我们从勃艮第（Bourgogne) 开始进行我们的环法旅行。在中生代，大海覆盖了夏布丽（Chablis）地区，在它的海底深处形成了石灰岩沉积物。古生物学家们用一个逗号形状的牡蛎来表示地壳的这一层：Ostrea virgula，或者 Eupyga virgula[1]，这一地质层被称作启莫里阶层，因其富含钙质而独具特色。

在白垩纪初期，即 1.4 亿年前，大海彻底地离开了这一地区，后者从此遭受到陆地的侵蚀和变质。

实际上，夏布丽地区的土壤由不同岩层交替构成，顶端是非常密实的石灰岩，底部则是珊瑚和非常柔软的黏土泥灰岩，它们锁住了已被石化的海洋有机物。

同样值得注意的是波特兰层（更晚期的岩层，只出现在夏布丽和小夏布丽产区，不存在于其他分级葡萄酒庄园），这是侏罗纪最后阶段的岩层，人们在这个泥灰质区域同样发现了海洋化石，它们是体积更为庞大的鹅膏菌化石。将近两百万年以来，在冰河时期，山谷在沉积岩层中下陷，形成了如今夏布丽地区的起伏地势。正是这一山丘状的地势起伏以及在海洋土地中形成的极为独特的土壤，才造就了夏布丽葡萄酒的特色。因此，滋养了小夏布丽产区 (petit

[1] 拉丁文。

圣维克多尔山（Sainte-Victoire）掩护着普罗旺斯一座最美的葡萄园。根据塞尚·保罗（1839—1906）作品复制。

Chablis) 的波特兰岩层产出了更为柔和的葡萄酒，散发出水果的芳香；相比之下，夏布丽产区（Chablis AOC）产出的一级和特级葡萄酒则更富含矿物质。来自波特兰岩层的石灰岩土壤黏性很小，所以产出的葡萄酒在口中有饱满而柔和的感觉，这是缺乏活性钙造成的结果。而启莫里阶岩层的土壤产出的葡萄酒，矿物质的味道更浓。

夏布丽地区的葡萄园为自己的葡萄酒打广告时，都会注明它们产自与远古海洋直接相连的地质带：启莫里阶岩层，波特兰岩层，侏罗纪！

相反，由于远离大海而没有受到海水抚慰的大陆葡萄种植区则成为了全法国土地最为龟裂的产区，比如香槟区。

在更靠西边的地方，葡萄种植区占据了沙文尼亚（Savennières）地区的著名地段，比如赛宏河坡酒庄（la Coulée de Serrant）、埃比雷（Épirée）村庄、修道岩酒庄（la Roche aux Moines）。沙文尼亚地区的地下岩层来自于非常古老的海洋沉积物（距今 3.6 亿年），它们在古生代末期强烈地变质。在这几百万年的时间内，这一地区受到一股强烈而广泛的地质运动影响，它与喜马拉雅山形成时的力量旗鼓相当。

在这些褶皱运动中，所有受到如此强度挤压的岩石，倘若它们没有夹杂火山岩和花岗岩，就会伴随着碳酸盐的释放，形成一种页状的和砂岩质的外表。最后的地质变化决定了现今的地势起伏，海洋岩石的整个表层已经被腐蚀，而沙子则堆积在山坡和山谷的脚下。

它们时而堆积在这些变质了的页岩之上，时而堆积在由这种变质引发的近期沉积层之上。葡萄种植区的土壤表面形成了许许多多的小平面，它们主要是由黏性、沙质并因此富含硅的岩石所形成的。奇怪的是，在中生代时期（距今 1.35 亿年），当大海还覆盖着这一区域时，碳酸盐的短缺恰好满足了葡萄种植区的一个特殊的要求。这种类型的土地形成了一种近乎金属性质的矿化。

在梅多克（Médoc）产区，自从中生代末期（距今 2 亿年）以来，大海多次入侵这一地区。海洋沉积的最后一个时期要追溯到渐新世（3400 万到 2300 万年前）。这些石灰岩，如泥灰岩和黏土，被河流卷来的小卵石压在底下。它们从整体上构成了梅多克葡萄园的底土，这种底土因为近期的变质产生了以钙质为主导的土壤。这些地区有着不同类型的适于葡萄种植的土地：比如钙质和黏性土壤，其中可以找到海胆和贝壳的化石；再如白色或绿色的泥灰岩；或者被称作“梅里克（Méric）古堡岩层”的细小的沙砾。安泰兰古堡（Hanteillan）非常幸运地拥有这三类土壤！

加龙河与纪龙德河（la Gironde) 的左岸尤其以这些生长在沙砾土壤之上的大型葡萄园而闻名于世，这些几乎纯粹的沙砾土壤有利于获得极度珍贵的葡萄酒。

高柏丽（Haut-Bailly）城堡当数其中之一。这个葡萄园建造在莱奥尼昂（Léognan）市最高的地方，距离海平面 48 米，因此享有高效的排水系统，合理布局的沟渠加强了排水的功能。

底土构成了高柏丽城堡最显著的一个特征，那就是贝壳砂，或者说化石的石化。很多年前，大海覆盖着莱奥尼昂地区：人们可以在一座酒窖的墙壁上观察到见证那个时代的化石和贝壳。葡萄树从土壤中汲取矿物质和富有营养的痕量元素，它们保证了葡萄酒的浓厚芳香。

在桑塞尔 (Sancerre) 地区的著名葡萄园，长相思（Sauvignon）[2] 葡萄酒在石灰岩和泥灰岩中得到完美呈现，这些土壤与化石沉积层一道形成了著名的启莫里阶层，在此被称作“碎沙砾”。在实践中，桑塞尔葡萄园种植者们根据土壤的性质，如黏土、硅质或钙质土壤，来分别收获不同土壤上生长的葡萄。如此酿造的葡萄酒因为土壤的差异而异彩纷呈，从而满足了享乐主义者们的味蕾。

实际上，大海之所以能够对桑塞尔葡萄产区产生有利的影响，是因为在海陆之间没有山峦的阻隔。这里雨量适中，气候温和。投石机酒窖（La perrière）就是在一个由远古海洋形成的洞穴中找到了它的起源和形态。

索吕雷—布衣（Solutré-Pouilly）葡萄产区位于海拔 300 米到

[2] Sauvignon 葡萄品种分为 Cab-ertnet Sauvignon（赤霞珠）和 Sauvignon Blanc（长相思），本书中在原文只使用 Sauvignon 一词时，译作“苏维侬”。

600 米不等的马孔山区（Mâconnais），它构成了中央高地的东部边缘。在中生代，距今 2.4 亿年前，这一地区的地质历史是以大海（提特斯海 Téthys）的前进为标志的。大海从东边进入马孔地区，并形成了当时这一地区的沿海地带。这边的海域随后又向西前进，直至完整覆盖了如今的勃艮第地区。在大海深处，庞大的海底沙丘随着海洋风暴而移动，而泥灰岩和石灰岩沉积层便在风浪间歇期间形成了。再往后，距今 1.7 亿年前，一些珊瑚暗礁在浅海暖水处以及热带的气候条件下形成。珊瑚暗礁中的石灰岩能够高度耐腐蚀，它将构成索吕雷和维尔吉松（Vergisson）地区岩层的骨架。

布衣—富赛（Pouilly-Fuissé) 产区的土壤大部分来源于泥灰岩，年龄在 1.5 亿到 1.8 亿年，最古老的可以追溯到里阿斯统阶 (Lias)，最年轻的则为牛津阶 (Oxfordien)。一些区域还显露出古生代的结晶、页状和砂岩质土壤。倘若霞多丽是葡萄园中的唯一一个品种，它的土壤表现却是多种多样的：泥灰质的土壤每一小块都有细微的差别，或是黏性的泥灰岩，或是多碎石的土壤，这就使葡萄酒呈现出

阿尔勒的红色葡萄园，文森·梵高（1853－1890）作。

了丰富而多样的特征。

对于教皇新堡 (Châteauneuf-du-Pape) 或者说教皇之海……当专家们着手鉴定1924至1929年的教皇新堡产区的葡萄酒时，确认了既定的限制条件，首先是葡萄酒的年龄以及本地习俗，另外还有地质评估。

这便解释了教皇新堡葡萄园土壤的多样性。罗纳河携带着碎石块在山谷中流向远方，这些碎石块在大片的葡萄产区之上平铺开来，招呼着来访的人们。

在中生代和第三纪，教皇新堡地区曾经被许多因地质下陷和地理动荡形成的内海所覆盖：1.95亿年前是沃孔斯组海沟；2500万年前是狭海湾；500万年前是泥滩形成的海。

这些海水的入侵导致了接续出现的沉积层：石灰岩、中新世的石灰质青砂岩、上新世的沙土以及上新世维拉弗朗阶的冲积层。

因此便形成了教皇新堡的底土，它时常在葡萄园的某些区域显露出来。历经几千年的时间，海水退去，罗纳河河水逐步建立起了自己的盆地流域。

在第四冰河时代，冰川运动在猛烈的寒流和暂时性的回暖中，将石英岩从阿尔卑斯山的侧翼分离。这些石英岩在罗纳河湍急的水流中滚动并被塑形，它们沉积在教皇新堡的所在地，覆盖了更为古老的沉积层：这些就是著名的翻斗砾石（阿尔卑斯山洪积层）。大海消退，河流继续侵蚀，它们在层层叠加的沉积物中开辟了通道，塑造了接续起伏的台地和斜坡，直至罗纳河如今的河床。在河床处时常看不到阿尔卑斯山洪积层，只有沙土和青砂岩裸露出来。

水流突然退去，在高处的台地上留下了最重的石英岩，这是它们的重量使然。但是退去的水流使连接台地的斜坡处聚集了所有体积小、质量轻的翻斗砾石。因此，人们经常能见到由体积较大的石块组成的台地或高原，而一般在斜坡上则洒满更小的碎石残渣。这样由碎砂砾主导的土地对葡萄种植有着绝佳的条件。如果没有大海，就不会有新堡，也不会有……教皇！

大海影响下的气候

Le Vin & la Mer

各种气候因素对葡萄的生长起着决定性影响，这是因为它们不仅关系到葡萄树的新陈代谢水平，而且还影响着寄生虫和害虫的数量，这是植物生长所必须面对的。在葡萄树的生长和葡萄的成熟过程中有 3 个基本的气候指标：

• 于氏（Huglin）日光温度指数，这一指数从 1978 年起开始使用，它取决于纬度，并且记录下高于 10 摄氏度的日平均气温。

• 里欧（Riou）干燥指数关注水分的平衡。

• 夜间凉爽指数是指在葡萄成熟期间的最低温度，它决定着葡萄酒未来的成色和不同的芳香。

在远离大海的地区，欧洲中部的寒冷大陆地带，人们通过植株和枝蔓的培植来避免冻霜对植物的破坏。当气温下降到零下 15 摄氏度以后，这种破坏力会变得异常强大。

在法国西部风力很大的地区，葡萄园都建在地势低洼处。剪枝后的矮小植株好像一个长着许多水平手臂的敞口杯子，只有垂直生长的嫩芽才会被保留下来。因此，冬天的葡萄植株就好像一个高脚板凳。春天来临时，藤蔓水平生长，并得到了深入土壤中的植株的稳固保护，于是大大降低了海风的破坏。

如果我们对某一个特殊的因素加以关注，比如距离大海的远近，就会发现毗邻大海在不同层次上对葡萄种植的影响：

• 温度：在非常炎热的地区，对于某些葡萄品种，比如歌海娜（Grenache）或者阿尔封斯 · 拉瓦累（Alphonse Lavallée），浆果的着色经常不充分。在靠海的地方，昼夜温差会更低，有利于改善葡萄的成色。

• 毒性：这种毒性是由于可溶性氯化钠盐在土壤中的存在所导致的，并且在砂质土壤中的比例高于 2 %，在黏土中的比例高于 4 %。毒性对于许多土地的葡萄种植构成了难以逾越的障碍。在法国，盐性毒对于一些位于海湾低地山谷中的葡萄园来说是一个最令人堪忧的问题。这些地区包括处在地中海沙州和一些古代内海形成地带的葡萄园，其面积超过 10 000 公顷。

碘并不会干预到葡萄的生长。人们既没有发现任何毒素，也没有在植物的分析检测中找到这一成分。

大多数葡萄园坐落在一个气候适宜的地带，远离极端的、不适于植物生长的气候条件。在法国，大西洋调节着温差，并且充当了热度方向盘。风也会受到大海的影响。人们发现 5 种适宜的气候，它们都有利于葡萄树的种植：

• 地中海气候（普罗旺斯）：夏季炎热干燥，秋季多雨，冬季温和；
• 海洋气候（波尔多，卢瓦尔地区）：夏季凉爽，冬季温和；
• 次级海洋气候（勃艮第）：温差小，雨水频繁；
• 半大陆性气候（阿尔萨斯）：夏季炎热，冬季寒冷；
• 高山气候（汝拉，萨瓦）：冬季多雪。

为了成长和成熟，葡萄需要有规律的温度和中等强度的雨量。

海洋影响的好处有很多。首先，大海能够调节气温。对葡萄园来说，温差在大陆比在海边要小。因此，在炎热的地区，葡萄会受益于大量海风带来的有利降温。

从海上而来的风具有更加持续平稳的温度，这不同于大陆风，因为后者越过的是冷热不均的土地。

欧洲西北海域的温度因北大西洋暖流而提升，西南地区的主导风给这里的海岸带来了相对温暖的海洋性气候，有利于近海处葡萄园的生长。

对于高级葡萄产区，最佳的气候条件因此揭晓：一块好的土地（黏土，石灰质，硅质），一个好的排水系统，有定期的水源灌溉，气候适宜。这最后一个条件使得葡萄产区的土地根据阳光、雾气、风以及与大海有关的一切变量进行个性化发展，而海洋的影响总体看来是有利的。

很少在海边出现的霜冻对葡萄树十分有害：冬季，在零下15摄氏度的严寒中，霜冻会摧毁葡萄植株和根部；春天，霜冻则会破坏幼芽和年轻的枝条。在极端的温度下，比如42摄氏度以上，树叶和葡萄会被烧坏，产生具有毒气的芳香。

大海的存在降低了极端的温差，对气候产生十分有利的影响。其他的地质因素，如纬度、海拔、地势（山丘或平原）、感光度和森林覆盖面积，也同样起到了不可小觑的作用。

如果说海洋气候标志着法国气候的整体走向，并且因而造就了利于葡萄生长和高级葡萄酒酿造的土地，那么海面之上的水汽蒸发则缓和了增温的趋势。同样地，由于水流和海面运动能够调节温度，所以大西洋的年温差变化平均在6～8摄氏度之间。

海洋气候能够参与到气温的调节运动，这是因为有主导风来自海上。

海风带来的湿润为葡萄的生长提供了必要的大气湿度，相反地，如果远离海洋，那么大海这个著名的气温方向盘就会失灵，造成气温的巨大变化。海岸线改变了通常的大气湿度：最小湿度出现

Broqu

←斯瓦松（Soissons）圣让德维尼（Saint-Jean-des-Vignes）修道院遗址，雷昂·布洛盖·埃斯贝朗斯（Léon Broquet Espérance，1869—1936）作。

↓科西嘉岛拥有独特的气候。阿雅克肖（Ajaccio）的风景，让·弗朗索瓦·贝拉尔第（Jean-François Peraldi）作。

在春季（而非夏季），最大湿度则出现在秋季（而非冬季）。

并没有哪一个特殊的葡萄品种适于在海边生长。超过千分之三含盐量的土壤既不适宜葡萄的种植，也不适于其他植物的生长。

或甜或咸的河水或海水促成了一个有利于葡萄种植的微气候。与海洋气候有相关的因素以复杂、深刻和多样的方式介入到葡萄的生长中。与碘相比，海和盐的影响更大，要求人类从种植方式、品种选择等方面适应这样的地理条件，以此来缓和环境强加的困难。

土壤、底土、气候、品种，再加上种植技术和代代相传的专业本领，这一切组成了葡萄种植的风土。如果这其中的四分之三或五分之三都直接来自过去或现在的海洋环境，那么人们就可以断定大海和大洋曾经塑造了并且将会继续塑造我们的葡萄种植产区。

苏玳（Sauterne）和巴萨克（Barsac）产区就属于这样的典型。海洋气候给这里带来了温暖湿润的冬天，潮湿和暖的春天，气温适中的夏天，这样温润的气候对葡萄的逐步成熟十分有利。降水量冬季丰沛，夏季适中。这片领域的高级甜酒的未来就取决于9月的气候了。清晨的雾气是两股和缓的水流——凉爽的锡龙河（Ciron）和与加龙河——交汇的结果，它促成了真菌在葡萄上的萌发，因此成就了这片土地上的明星：葡萄孢菌(Botrytis Cinerea)。这种孢菌穿过并渗透到葡萄皮下，从种子中汲取水分，之后葡萄被风和阳光风干。久而久之，汁水浓缩，果实干枯，葡萄们为了伟大的事业而高贵地腐烂！感谢海洋，它成就了苏玳的神圣：潮湿、阳光和风。

科涅克（Cognac）是一块散发着海洋气息的土地。这里的风土部分来说是一块极度富饶、类型丰富的土壤与一种微气候的结合，是土地（大陆）与大海（这里指大西洋）的相遇，

因此这里长期以来形成了高质量的葡萄园。

20 世纪时，在纪尧姆十世吉耶那（de Guyenne）公爵和普瓦捷（Poitiers）伯爵的推动下，诞生了一个被称作普瓦图（Poitou）的大型葡萄园。在 14 世纪，欧尼（Aunis）的葡萄园出产了许多葡萄酒，却难以销售，这是因为这些酒的酒精浓度低，质量平平，不能够经受长时间的海运。在 18 世纪初期，双重蒸馏使得葡萄产品可以以不易变质的白酒形式进行运输。船只装卸耽搁了时日，人们却发现白酒在利穆赞人制造的橡木酒桶中却愈发香醇，甚至味道更加纯粹。

根据葡萄酒工艺学家艾美勒（Aimel）的说法，白兰地利用自身优势汇集了 4 大元素：土，葡萄园；火，蒸馏；气，天使的参与；水，作为探险者和启示者的海洋。

正如其他面积不大的岛屿一样，科西嘉岛经历了很长一段与葡萄酒的爱情史，起源是马赛人在公元前五世纪时，通过海路向阿莱里亚（Aléria）引进了葡萄树。科西嘉岛完全属于地中海气候大区，同时也具备因以下 3 种综合因素的作用而形成的特殊气候特征：大海、山地和纬度。

大部分葡萄种植区都集中在沿海地区及其比邻的内陆，这里的突出特点是四季的气温都相对温和，这是大海和山地综合作用的结果。

在冬季，大海变成了一个巨大的温水（15 ～ 16 摄氏度）储蓄箱。由于岛屿的面积不大，沿海地区可以明显感觉到海水的和缓效果，1 月的平均温度能达到 9 摄氏度。

相反的是，在夏季，大海变成了一个清凉的储蓄箱。每日白天吹来阵阵降温的和风，叫做 Ambata 或 Mezzogiorno。海风给被阳光炙烤的葡萄园带来了阵阵凉意。傍晚时分，陆地风吹起，昼夜因此温度差别不大，7 月的海边也只有舒适的 23 摄氏度。

夏季的温暖是保证产出高质量葡萄酒的一个因素：从葡萄成熟初期（8 月初）算起直至收获季节（9 月中旬），整个葡萄成熟期在科西嘉要比在其他大陆气候地区长 10 ～ 15 天的时间。比如在勃艮

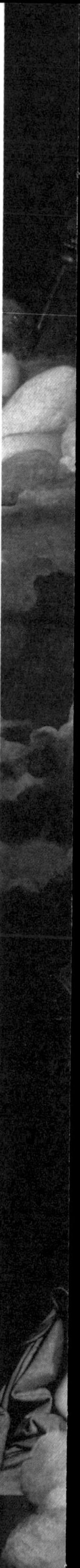

《朱庇特和忒提斯》，让·奥古斯特·多米尼克·安格尔（Jean Auguste Dominique Ingres，1780—1867）作。

第，由于气候更清爽，葡萄的成熟就会更为缓慢。气温的和缓可以避免葡萄的芳香在夏季被灼烧。科西嘉气候中的另一个优势常量是其出类拔萃的日照时间，在阿雅克肖[3]（Ajaccio），7 月的光照是 363 小时，全年的光照量是 2 885 小时（全国最高纪录），而巴黎只有 1 782 小时。

然而，这些总体性的特征并没有排除一些在降水量、气温和风力方面有时很明显的差异。比如在岛屿的东部地区，由于中央山脉的阻隔，从西北方向吹来的冷风并不能到达，造成东部地区的整体气温比科西嘉西部要高（2～4 摄氏度不等）。

[3] 阿雅克肖：位于法国科西嘉岛西岸，是科西嘉岛的首府，是科西嘉岛最大的都市。

科西嘉岛地图。

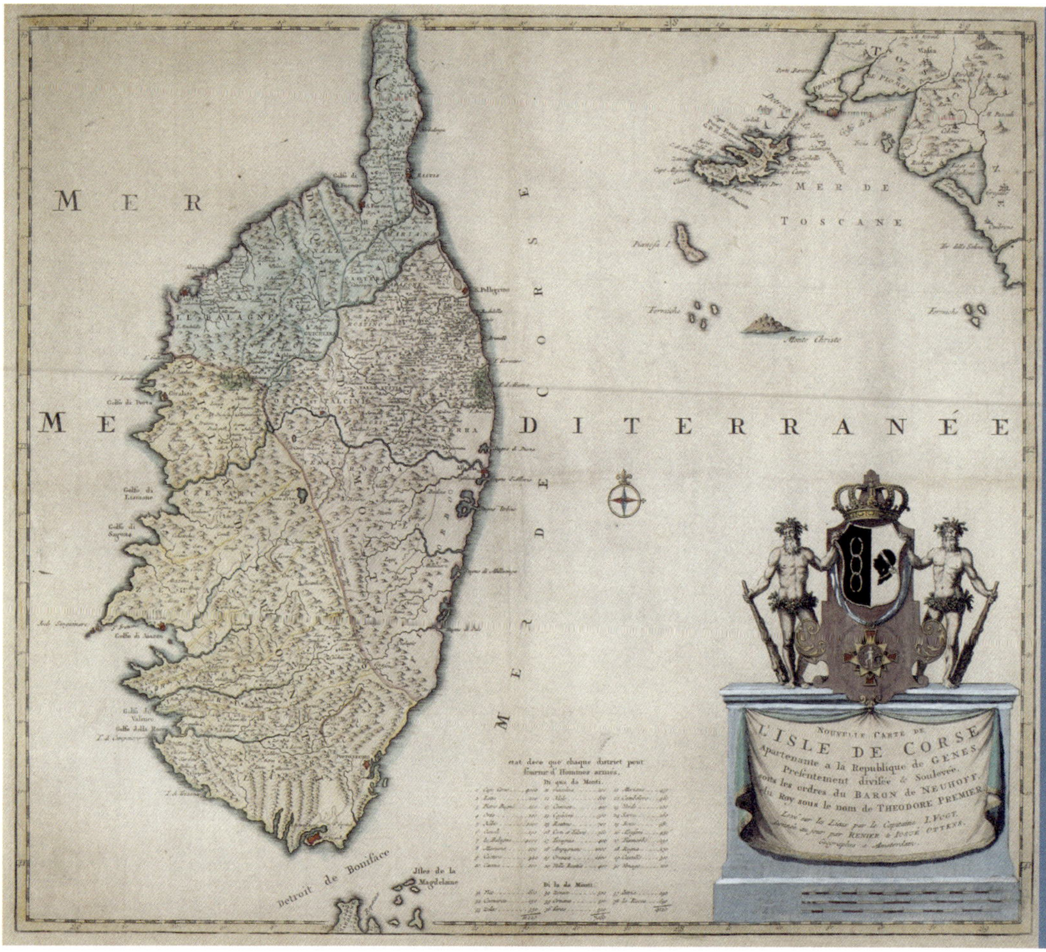

由于被中央山脉所阻隔，风成了降雨的运输员：

• libbeciu 风，风向由从西南向西部。
• 热风（sirocco），风向由东南到东部。

在夏季，热风使气温升高，东部沿海会变得高温难耐。

由于没有大面积的群山覆盖，风几乎一年四季在科西嘉海岬与最南端持续吹送，每年不低于 349 天。在山丘上，风则是葡萄树的敌人。而在南部，干燥的风创造了葡萄植株生存和生长的新条件。纬度虽与气温没有特殊的关联，但却是左右降雨量的决定性因素。

科西嘉的葡萄园，以其排列成行的葡萄田垄为这个“美丽岛”缠绕了一条独特和个性化的腰带。日落时分，葡萄园眺望着阿雅克肖四周的海水，以期最终产出陈酿红葡萄酒。这里的葡萄园与东部阿莱里亚平原上的葡萄园不同，后者出产的葡萄酒口味更年轻。

酩酊大醉的挪亚，乔万尼·贝利尼（Giovanni Bellini, 1430—1516）作。

CHAPTER2

第2章

葡萄园与望海之人

Le Vin & la Mer

诉说葡萄酒和大海的神话

太初有海，亦有酒。

挪亚作起农夫来，栽了一个葡萄园。他喝了园中的酒便醉了……

《创世纪 9,20》

旧约中说，在大洪水来临之前，挪亚这位族长让负责建造方舟的工人们饮下他自己享受的稀世琼浆。

如果我们相信圣经，大海和葡萄园的联姻起初很不美满：挪亚在历史上第一次“海啸”之时喝得酩酊大醉。在大洪水退去，他的航海历险结束之后，挪亚拯救了这个神奇的藤本植物，因此它能在世界的一部分中留下不可磨灭的烙印。

为了纪念这位才华横溢却总是醉酒的船长，伏旧园（Clos de Vougeot）城堡的品酒骑士协会大主人，在 21 世纪的大背景下，每当授予有资格的骑士以盔甲和兵器时，都会朗诵下面这段仪式性的颂词：

因着挪亚，这位葡萄之父，
因着圣文森，这位葡萄种植者的守护神，
因着巴库斯，葡萄酒之神，
我们将盔甲和兵器授予你，品酒骑士！

对于希腊神话，葡萄酒与大海的相遇是十分久远的事情，正如我们在狄奥尼索斯的传记中所得知的那样。

正如每个人所知，狄奥尼索斯是一个正式被承认的葡萄和葡萄酒之神。实际上，在那些最好的神谕之下，他的神职功能也有了一定的发展：

火（来自宙斯，父亲），预示着促使葡萄成熟的热度。

雨（来自许阿得斯姐妹，乳母们），避免植物死亡。

摘葡萄的人即兴表演一个滑稽主题（那不勒斯的纪念品），又名酒神巴库斯的即兴表演者，弗朗西斯科·约瑟夫·杜雷（Francisque Joseph Duret, 1804—1865）作。

水和太阳因此组合在一个对葡萄种植十分有利的环境中。

狄奥尼索斯传记中的一段最为旗帜鲜明地提到了大海，这是在征服了（阿拉伯和印度）陆地之后的故事。当狄奥尼索斯回到纳克索斯（Naxos）群岛时，海盗们已经占领了他们的船只，不知情的狄奥尼索斯却命令海盗们协助他上岸。这些人把他绑架了。他便在大海中央，用葡萄的芳香来显示神迹，恐吓他们：

- 船身四周的咸水变成了香气扑鼻的葡萄酒；
- 从高大的桅杆处升起了一棵巨大的缀满果实的葡萄树；
- 船只的甲板上汩汩地流淌着葡萄酒；
- 船上开满了常春藤（在罗曼人那里是纵酒狂欢的象征）；
- 船桨变成了蛇；

•波涛的呼啸变成了针刺般的乐声。

海盗们被变形成狮子的狄奥尼索斯吓破了胆，纷纷变形成海豚跳进了海水里。

在雅典，已经完全神化了的狄奥尼索斯的形象确保了聚会的安宁，这些聚会被称作“会饮”（拉丁文 symposium），从词源上讲，是指人们“共同饮酒”。东道主在祭酒时，以纯粹的葡萄酒来献祭狄奥尼索斯，洒下几滴珍贵的甘露，这些甘露被视作上帝的精液。保罗·瓦雷里[1]因为受到了这一仪式的启发，写下了他著名的诗篇，《遗失的酒》：

某日，我在大洋，
（但我不知当时的天色如何），
洒了一点儿佳酿
作为对虚无的祭尝

酒呵，谁要将你遗失？
或许我是服从了占卜者的意旨？
也许是由着我的心思，
因想到热血，才洒祭这酒浆？

大海平素的澄澈里
腾起了粉红色的轻烟，
之后海水又恢复了纯净……

遗失了这酒，灌醉了波涛！……
我看到涩风中踊跃着
最幽深的面貌……[2]

[1]法国二十世纪大诗人。

[2]译文选自《瓦雷里诗歌全集》，瓦雷里著，葛雷、梁栋译，中国文学出版社，1996年，第139页。

双耳尖底瓮，黑色的人物代表被随从包围的狄奥尼索斯和阿丽亚娜（公元前六世纪）。

保罗·瓦雷里

《幻美集》

七星出版社，第一卷，第 146—147 页。

至于圣文森，他让我们重归现实。毫无疑问，他是葡萄种植者们最喜爱的守护圣人。但是首先，他是航海者们最爱戴的人。

在公元 4 世纪初，罗马人占领伊比利亚半岛南部的时候，圣文森在韦斯卡[3]（Huesca）出生了，然后他在萨拉戈萨（Saragosse）求学，成为了老主教瓦莱尔（Valère）的副祭。

信奉无神论的侵略者们先是逮捕而后又释放了年老的主教，但是让文森忍受了一系列令人难以置信的折磨。他们时而把他的肉体撕成碎块，时而又间断折磨，甚至给他治疗，为了让之后的刑罚更加痛苦。用刑工具包括烧红的铁线、滚沸的开水，还有把文森四肢分裂的拷问架，还有撕碎肉身的铁手指。

文森于公元 304 年 1 月 22 日死亡。在罗马人的精神中，这位副祭的坟墓不应该成为朝圣地。达米安（Damien，或者 Dacien），这位残暴的执行官于是派人将尸体封在一个可能是牛皮做的口袋里，然后把它投入大海，用一个磨盘卡住开口处。在海洋探险队登陆之前，尸体就重新回到了海岸边。后来又奇迹般地回到岸边：这是一个圣人的诞生。

在 1173 年，当穆斯林们靠近时，文森的尸体已经在瓦朗斯（Valence）上岸并受到安全保护。船只搁浅在葡萄牙南部靠近阿尔加夫（Algarve）海岬的地方，这个欧洲大陆最西端的地方从此被命名为圣文森海岬。因此，里斯本的纹章上出现了一艘海船，桅杆上有一幅绘有圣文森的画像，旁边有两只乌鸦，圣文森成为了葡萄牙航海者们的守护神。

为什么在所有葡萄树和葡萄酒的守护圣人中，圣文森脱颖而出，成为了葡萄树、葡萄酒、葡萄酒商、酸醋商和嗜酒者们的守护神呢？很多原因可以解释这个问题，其中有一些是与他的名字有关

[3] 韦斯卡（Huesca），位于西班牙阿拉贡自治区北部，是韦斯卡省的首府。

的，如果我们相信一些语义上的分割线，就会发现葡萄酒的味道：

• Vin — cent（二十一一百）使人联想到数量，丰富（20 乘以 100！）；

• Vin — sang（酒—血）使人联想到神圣及其神秘的压迫物（十字架是压迫物，耶稣是葡萄，血是葡萄酒）；

• Vin-sans...eau（酒—无水……），这是纯葡萄酒爱好者的珍宝（谁敢在尚贝丹 Chambertin 或者柏图斯 Pétrus 中掺水？[4]）

• Vin-sent bon!（酒—味道好！）

胜利者圣文森，葡萄种植者们的守护圣人。

他的传记在一个时期内以水的封印为显著标志，从另一个更为真实的侧面点明了这种庇佑关系。对于圣奥古斯丁和诗人普鲁当斯（Prudence），文森标志着征服者、胜利者。他忍受着折磨克敌制胜；他垂死时、死亡前和死亡后都无往不胜。因此他得到了这样一个称号，不可战胜的文森，文森象征着凯旋的基督殉难者的胜利。在生前，文森战胜了火焰和其他酷刑，死后的他奋力抵御陆地环境（狼群）和海洋环境（波涛）。这许多原因已足以让那些葡萄种植者们选择他作为他们的守护圣人。

[4] 尚贝丹（Chambertin）和柏图斯（Pétrus）是法国两大著名葡萄酒酒庄。

仪式：当葡萄酒祝福大海

[5] 法语中 baptême 一词意为基督教仪式中的受洗。而船舶也借用了这个词来表达船只出海前的下水（受洗）仪式。

基督教徒们同样引领我们来到节日的庆典中，这些庆典总是为即将出海的船只的下水仪式而举办的。

如果说恰当的术语表述是“赐福”，口头传统则为了方便和比喻而将“受洗”（baptême）[5] 这个词汇永久地流传了下来。严格说来，接受祝福的是一个物件，而接受洗礼的则是一个活着的人。从18世纪开始，船只的受洗（即下水）伴随着一系列的庆祝活动（演讲、鸡尾酒会、葡萄酒品鉴），这个受洗仪式要打破一个酒瓶，通常是香槟酒，这是下水的信号。

在船首洒圣水当然会让人联想到一个美丽的隐喻，那就是基督教的受洗仪式，在新生儿的额头上洒几滴清水。

葡萄酒具体在何时与受洗仪式挂钩已很难查证。这个法国的传

海上赐福仪式，吉贝尔·巴约（Gilbert Pajot）绘制的海报。

统迅速成为了一个几乎是世界性的习俗。人们把很多习俗的起源都归根于这一活动。

最古老的起源要数伊阿宋，他是艾宋（Eson）这个伯罗奔尼撒的一个小联邦的王子。他决定向他的叔叔珀利阿斯（Pélias），一个篡权者，讨回王位。“这个王位将会归你，”他说道，“如果你能证明你配得上它，因此，你只需去寻找金羊毛。”科尔喀斯（Colchide）的国王拥有金羊毛，但是多年来他却拒绝交出这样一只庞大的公羊身上的毛皮，因此这金羊毛被一条可怕的龙小心翼翼地看守着。因为这个计谋，珀利阿斯决定再也不要见他的侄子了，但是这个挑战激发了伊阿宋，他立即开始为出发作准备。

他给自己的船命名为“阿耳戈”号，并且在古希腊的英雄中招募了他的船员：赫拉克勒斯（Héraclès），忒修斯（Thésée）和庇里托俄斯（Pirithoos），卡斯特（Castor）和波鲁克斯（Pollux），阿基里斯（Achille）的父亲珀琉斯（Pelée），一个睿智的老国王内斯特（Nestor），全希腊最出色的音乐家奥尔菲（Orphée）。这些人称呼自己人为“阿耳戈英雄”。这次宏伟的远征在一大清早启航了。

在登上甲板的那一刻，伊阿宋手持一只斟满珍贵葡萄酒的金杯，这是希腊的松香酒，一种可以壮胆的药酒。伊阿宋想要将酒洒入大海，以祈求宙斯将他们迅速带往目的地。但是赫拉操纵了伊阿宋的手，命令他把酒分给航海英雄们喝。这些阿耳戈英雄们由于饮用了这样的烈酒，都勇往直前，无所畏惧。这从某种程度上构成了他们的优势，因为前方等待他们的危险是巨大的。

在这个神话传奇之后，整个古代时期的希腊人都开始举办在船上或大海中抛洒葡萄酒的仪式——这两种版本同时存在。

船只的“受洗”来自于人们面对狂风暴雨和海洋世界种种险情时对上帝的虔心和信仰。如果说葡萄园种植者们了解如何驾驭葡萄种子，如何把它们变成佳酿，那么船员们则应该掌控大海，无所畏惧地穿越大海。有时候，上帝的帮助并不是多余的！

如前所述，如果“受洗”算得上一个流行词，那么这可能是因

[6] Bene-dicere，好—说。

为它让人联想到教母，“赐福”一词可能更为恰当。这个词代表着“说”，“祝愿美好”（来自拉丁语 bene-dicere[6]）。在一个赐福典礼上，船上的宗教主事会向完成船只建造的工人们的工作给予赞美，并且为那些即将使用这艘船的人们（全体船员、乘客们）送上美好的祝福。

宗教仪式实际上是整个典礼中最简短的部分，与其相伴的是一些其他的仪式性的、世俗的和庆祝性的活动。

一些建造者会委派某个服务团体来筹备整个庆祝活动，其中包括准备一个要扔向船首的酒瓶以及其中装着的葡萄酒。

经常以宴饮为形式的登船接待使得不同职业团体、不同职责、不同国籍的人们能够相互接近、交谈，因而显示出葡萄酒的传统效用：活络舌尖，汇聚宾朋。

伊阿宋征服了龙，第一帝国时期的挂钟。

葡萄酒让那些过度保守秘密的人倾诉衷肠。——蒙田

鉴于葡萄酒在此处的用途，它的质量并不是最具决定性的，为了赐福和船首仪式，人们选择最多的一直是香槟酒。可能这是因为香槟在船首溅起的泡沫如同即将在今后的每一天如影随形的翻滚的浪花。

无论如何，香槟和船只下水的结合在世界范围内发展起来。英吉利，这个热爱海洋和葡萄酒的民族，是金色葡萄酒的最大消费国，它首创了以女人的纤纤玉手开启酒瓶的传统。

如今，作为愉悦、节庆和好运的象征，没有什么比香槟更适合一艘船在最美好的预兆下启航。一切都准备就绪，一切

←布列塔尼沿岸的船难，皮耶尔·埃米勒·贝泰勒米（Pierre-Emile Berthélemy,1818—1890）作。

↓萨克森－科堡—哥达王朝的阿尔贝尔王子（1819—1861），大英帝国维多利亚一世女王的丈夫，弗朗兹·克萨韦尔·温特哈尔特（Franz Xaver Winterhalter，1806—1873）作。

都经过精心计算，以便事先已在瓶颈处锯开一个小口的酒瓶应声击碎，正中船头，因为船头将会首先迎击时常凶险的水流。绑在一根缆绳上的香槟酒瓶将会以其丰富的泡沫淹没很大一片船身。

香槟一直是与幸福同义的一种液体。这样的一个理念通常是香槟地区的合作或赞助协会希望传递的：成就、幸福、斗志。

为了在大吨位船只受洗（下水）期间避免不幸事件发生，活动团体会采取一切措施来保证成功，既是为了观众的欢乐，也是为了船只的保护。主持船舶下水典礼的女嘉宾只管在瓶塞上一按，剩下的事情就交给那些负责技术活儿的人们了。

恶运之神的眼睛会紧盯着一艘没有按传统仪式受洗的船，也会紧随着某一艘酒瓶没有在第一时间被砸碎的船。实际上，有很多关于沉船、起火和其他损失的故事，都是因为这些船没有按规定接受洗礼的缘故。

一则英国格言甚至宣称一艘没有品尝过葡萄酒的船将会尝到血的滋味。泰坦尼克就是这样一个残酷的例子。酒瓶拒绝震碎在其时最美丽的轮船的船首。我们知道接下来这艘船戏剧性地撞上了冰山，在它的首航也是唯一一次出航中经历了有史以来最为致命的海难。4 月 2 日泰坦尼克号从贝尔法斯特船厂驶出，4 月 10 日离开南安普敦，14 日撞上冰山，之后与 1 500 个生命俱沉海底。868 名乘客在此次劫难中幸存。

香槟酒一直是近 150 年来世界航海历史的最佳见证人。反过来，大海让香槟酒从 19 世纪起便开始了环球之旅。很少有船只在离开法国驶往五大洲的时候不装载这金色的佳酿。从 1850 至 1910 年间，香槟酒的年度海洋运输量从 400 万瓶上升到 2 000 万瓶。最大的买主是美国、英国甚至是以海为粮的俄国。

如今，不下 100 万瓶酒在全世界的大海和天空下被啜饮。

在人们至今能够记起的赐福仪式中，有些是特别值得一提的。

1843 年，大不列颠号：德国皇帝的祖父和萨克森—科堡（Saxe — Cobourg）王朝的阿尔贝尔（Albert）王子，维多利亚女王的丈夫，在 3 万人的簇拥下登船。当区代表的女主持抛掷那只传统的香槟酒瓶时，每一名观众都屏住了呼吸……她失手了！阿尔贝尔王子立即抓住飞行中的瓶子，用一只敏捷的手将瓶子在大不列颠号的船首砸碎了。

1853 年，大共和国号：帕梅拉·凡迪克·普莱斯（Pamela Vandycke Price）讲述了这艘四桅帆船的遭遇。用于受洗的酒瓶在前一晚被一名小偷喝光了。人们没有准备备用酒瓶。就在大共和国号刚刚下水的时候，它便失火了。船主没有细心预见到要准备第二个酒瓶，他的疏忽险些将这艘船毁于一旦。

1902 年，流星号：2 月 25 日，德国皇帝的快艇在美国的射手岛（Shooters Island）启航了。普鲁士的亨利（Henri de Prusse）顶替他的哥哥纪尧姆二世。船舶下水仪式的女主持是亲历典礼现场的罗斯福主席的女儿，她被亨利王子授予了一个绝美的花束，一条缀满钻石的金手镯，其上装饰着纪尧姆的小型肖像。她热爱大海、葡萄酒和宝石。香槟酒瓶的瓶身上覆盖着一张银色的网，为了笼住那些危险的碎片。随后，碎片和网格在一个纽约金银匠那里相得益彰地被展出。

1913 年，祖国号：4 月 3 日，巴伐利亚摄政王子的儿子鲁普雷希特（Ruprecht）王子戴着他的尖顶帽，穿着一身一直系到脖颈的大衣，为这艘横跨大西洋的轮船受洗。他在船首击碎了香槟酒瓶以后，说道：“我为你受洗，祖国。”这句话本身没有什么特殊之处，但是要知道，相对于 1 600 名乘客，这艘船第一次在他的货舱中装载着 17 500 瓶葡萄酒、香槟和甜烧酒，还有 28 000 升的德国啤酒。这艘受洗名改为“利维坦”的轮船，在 1920 年服从了禁酒令。

1930 年，乔治·菲力帕（Georges Philippar）号：不是所有船

舶下水典礼的女主持都是大人物或演艺圈人士！因此，1930年11月6日，在乔治·菲力帕号在圣纳泽尔（Saint-Nazaire）启程时，海洋运输公司将决定命运的酒瓶交付给丽迪亚·波尔什（Lydia Porche），她是某个职员的女儿。轮船在一场火灾之后沉没，阿尔贝尔·隆德尔（Albert Londres）记者不幸遇难。

1930年，诺曼底号：10月29日，港口拖船没有固定住这个滑脱了的庞然大物，轮船溅起了巨大的海浪，给岸边那些最有好奇心的观众浇了个透心凉！这艘远洋巨轮曾一度成为全世界最好的浮动餐厅，有180人组成的团队，贮酒室也在其中有一席之地。

冰海中的沉船，卡斯帕·大卫·弗里德里希（Caspar David Friedrich，1774—1840）作。

1934 年，玛丽王后号：这艘本应命名为“维多利亚号”的轮船原本是为了纪念乔治五世的母后，然而它在 9 月 26 日的下水典礼上却以乔治五世的妻子玛丽的名字“受洗”，并且以澳大利亚白葡萄酒取代了香槟酒。在首航期间，维兰达（Verandah）餐厅的酒吧男招待收到了 200 磅小费：这可是很可观的一笔收入。人们都实实在在地在船上畅饮！

1962 年，法兰西号：戴高乐女士，这位法兰西的女当家，于 1960 年 5 月 11 日 16 时 15 分，在阿弗尔（Havre) 港口，向着重达 32 715 顿的钢铁，抛掷了一个特大号查尔斯哈雪（Charles Heidsieck）香槟酒瓶（6 升）。国家总统戴高乐将军出席了法兰西号的下水典礼。在俯瞰船舱的演讲台上，将军开始了他的演说：

“法兰西号的使命是将人类文明从大西洋的一端运送到另一端，这包括各种活动、知识、工作资源、艺术和财富。在这艘巨轮上，我们向当今法国技术献给祖国的一项重大壮举致敬……今日的庆典为法兰西增添了荣耀。此时此刻，法兰西号正式竣工，即将开赴大海，在那里遨游，在那里尽忠！”

法兰西号轮船下水了，它迎娶了大海，法兰西万岁！

2004 年 1 月 8 日，玛丽女王二号的下水典礼由伊丽莎白二世主持，在南安普敦 2 000 名观众的注目下举行。女王按下了电子按钮，开启了传统的香槟酒瓶，然后说了这样一段话：“我将这艘船命名为马丽女王二号。愿上帝保佑她和所有与她一起航行的人们。”

随后，经过精心测试的电子程序开始启动。6 升的大酒瓶自动地降低、分离，成功地在船首靠右舷柱的位置被击碎。在奢华的船舱中，那些尊贵的宾客们收到了香槟酒和鲜花的礼遇。

2005 年，蜜蜂雄蜂号：在布雷斯特（Brest），贝尔纳泰德·希拉克（Bernadette Chirac）女士成为了这艘远洋拖轮的船舶下水典礼女主持。不幸的是，连续 3 次，香槟酒瓶都岿然不动，本省海洋长官立即在他的演说中提到水手们的迷信，他们看到眼前的失败就预言明天即将遭受痛苦！让我们期盼恶灵能够被驱散！

迷信是难以根除的，但是它仅仅是迷信而已。1980 年，奥利维耶·德科尔叟宗（Olivier de Kersauzon）船长乘坐古睿（Kriter）四号帆船穿越大西洋，人们企图把沉船的原因归咎于他的三体帆船下水时酒瓶没有被打碎。但是这位著名的水手却不以为然：现代技术已经取代了信仰。

在这些与大海为伍的人群中，毫无例外地也存在着许多大家庭。每一个家庭都有它的仪式。

法国海军

如果你即将奔赴战场，请做一次祈祷。如果你即将远赴大海，请做两次祷告。——波兰谚语

在七年战争（1756—1763）结束的时候，政府呼吁有识之士慷慨解囊，为长期遭受苦难的海军提供经济上的援助。1761 年，勃艮第政府的民选代表们在孔德王子这位葡萄种植大省的统治者的煽动下，决定借债以向国王赠送一艘配有 80 尊大炮的军舰。

从此以后，法律和公民机构，以及法国的行政区域都开始赞助皇家海军，以便加强国家与国家海军的联系。这种赞助行为能够激发一些海洋优势不那么明显，却更偏向天空（如图卢兹）或更偏向陆地（如第戎）的城市的积极性。葡萄园与海洋的联系因此建立了起来。

三桅战舰卡萨尔（Cassard）号于 1985 年 2 月 6 日下水，它的赞助城市是第戎。仅仅在一次礼节性巡航归来之后，这艘船在几年之后就成为了第戎海军准备中心的赞助商。勃艮第人号护航舰得到了它的品酒骑士证书。在参加船舶下水典礼之前，宾客们餐前会在市政厅受到接待。届时，甲板上将供应一种以勃艮第酿造为主的基尔酒。

一些船只只能受到简单的、无下水仪式的赞助。这一至今仍然活跃的传统习俗能够维持一些紧密的联系，正如海军准将尚达尔·德波尔德（Chantal Desbordes）在勃艮第圣文森葡萄酒巡回节上所讲到的那样。

波尔多和波亚克[7]（节选自海军准将尚达尔·德波尔德的演讲）

[7] 波亚克：Pauillac，村庄名，是波尔多地区的一个村庄，是比较出名的葡萄酒产地。世界顶级红酒拉菲就是出自波亚克。

我在演讲刚开始的时候提到了波尔多这个城市，只要一提起这个城市就立即可以让王室感到愉快，它是柯尔贝尔（Colbert）号巡洋舰的赞助城市。我最近作为副手管理的这所享誉盛名的海军军校拥有两艘帆船式学校，它们是“星辰号”（Etoile）和“美丽雌鸡号”（Belle poule）。未来的海军官员们在这里学习如何祛除海上厄运，同时接受各种海洋知识的培训。这两艘无与伦比的帆船中的一艘将与波亚克这座城市（又是一个让人振奋的名字！）缔结友好关系。这些对船只赞助的有益传统可以让学校的学生、官员们以及“美丽雌鸡号”的船组人员定期应邀参加著名的梅多克马拉松赛。这项考验综合了 3 种乐趣：首先是运动，那些最勇敢的人们能够在令人敬佩的时间内跑完 42 195 公里的路程；然后是品酒，品尝穿越这一地区的那些美丽的葡萄园中最著名的葡萄酒（但是，喝酒还是赛跑，这得权衡一下！）；最后是对着装的心情，因为规则要求竞赛者要穿着戏服跑完全程！于是在 2011 年 9 月，我有幸了解了这个活动的乐趣。因为我说到底不是一个跑步爱好者，那么留给我的就只有高级酒庄了。我一点儿都不感到遗憾。在排行榜中，我的学生们脱颖而出，其中的 2 个学生最终顺利地跨过了终点线，其他人则获得了“交流好心情”奖。

做生意的海军

在我们这个时代，只有很少的一些大型造船场地才能够继续实践这些仪式。但是在圣纳泽尔，阿科尔·雅兹（Aker Yards）将这一仪式制度化了。

在不同的阶段，船只的制造伴随着不同的仪式庆典，而这些庆典总是在欢声笑语和葡萄美酒中结束：

—— 第一块钢板的切割；

—— 装配开幕，也被称为奠基仪式，经常会有零件庆典接续其后。

—— 第一次试水；

—— 最终（最重要！）是船舶下水。这个仪式一般包括整个节庆和艺术的部分。当女主持剪开捆绑香槟酒瓶的丝带，并且把珍贵的美酒浇灌到船首时，现场的气氛达到了最高潮。

在实践中，筹备下水仪式所用的香槟酒属于一项很专业的工作。在大西洋地区的造船厂中，这项准备工作是一个小规模专家和训练有素的水手们的特权，他们将知识代代相传。整个工艺在于计算酒瓶安置的高度和捆绑酒瓶的丝带的张力，以便使酒瓶可以足够快地撞向船首，即时破碎又不至于反弹。此外，为了那些永久记录典礼的极富表现力的照片，酒瓶应该撞击在船首写有船只名字的地方，那里的倾斜度通常是很大的。事先人们已经通过沙袋进行过各种演练，然后再换上酒瓶，酒瓶经常包裹在一个网兜中，目的是便于回收瓶子的碎片，并且这些酒瓶还经常以金刚石切割而成，更加保证安全。在决定命运的那天，专家水手团队会将酒瓶安置就位，并且在触手可及的范围内准备好一个备用酒瓶，“以防万一”。

人们包裹酒瓶，并且通常用一根与船商所在国国旗颜色一致的丝带绑住它，瓶子的高点固定在船首，低点则固定在

上：杜什－特雷维勒家族（La Touche-Tréville）的路易·勒内·马德莱那·勒瓦瑟（Louis René Madeleine Levassor, 1745—1804），1792 年的海军司令伯爵，乔治·鲁智（Georges Rouget, 1783—1869）作。

下：弗朗索瓦·约瑟夫·保罗，格拉斯的伯爵，海军总中尉（François Joseph Paul, 1723—1788），让－巴布提斯特·莫塞斯（Jean-Baptiste Mauzai-sse, 1784—1844）作。

主席台的一张桌子上，这个主席台将会迎接女主持和官员们。

在庆典的尾声，水手们取回酒瓶的细瓶颈，通常上面还缠有丝带，然后把他送给船商。一些人会把这个“战利品”浇筑在一个玻璃块里，然后再把它带到产地展览，仿佛一个吉祥物。

慈恩圣母，海洋之星，水手和乘客们的保护女神（19 世纪）。

有时船只也会在下水仪式之前离开大西洋地区的船厂。船商有时候希望看到它的船只在登记港受洗。最简略的仪式被人们称作“换旗帜”仪式。在船商代表们的陪同下，公司管理层的一个代表（通常是主席）会在桅杆雷达的高度落座，然后下令降下 STX 法国巡洋舰舰旗，然后在《马赛曲》的歌声中降下国旗。船商代表接下来在本国国歌声中下令升起本国国旗和舰旗。这个系统化的仪式经常被整合到大型的船舶下水典礼中。

至于在圣纳泽尔举办的下水仪式，活动的组织和规模都与船商共同商定。宾客名单通过协商的方式建立起来，包括合适的代表、必要的地方、国内或国际官员，以及希望邀请的媒体。这项活动的“基调”按照船商的意愿而定，也会考虑到土地和安全的限制。

主席台一般搭建在码头上可以看到船只的地方。最后，典礼的主持人宣布节目的最后一个部分：船舶下水。神甫第一个发言，他为船只、船组人员、建造船只的男人女人们祈福，然后女主持走过来，说上几句话，并以此作结语：“今日我为你命名……”然后剪断丝带。酒瓶于是撞击船首，此时船上的雾笛响起，气球和纸屑随

[8] 马鬼，Macoui。当船只受洗后，马鬼是一条沿着航迹终生追随船只的蛇，人们要开枪击毙它才能避免厄运。

风而起……

究竟选择哪种香槟酒瓶，往往根据船商与一家知名酒庄签订的合作协议来决定。通常人们会选择 12 升的大型香槟酒瓶：大容量配大船。因为船组人员已经拥有了整艘船，所以客人们随后被邀请到船上进餐，享用由船商制订、在船上准备的菜品。

捕鱼水手

如果想要学习祈祷，就去出海吧。——法国谚语

一艘船的赐福
（摘自《赐福书》）

部长首先划了一个十字架，接着向站在即将接受赐福的船只旁的人们致意。

然后，他几句话阐述了赐福仪式的意义，并且特别强调道："使我们聚集在这条新船周围的，并不是人们通常意义上所说的下水仪式，而是一场赐福。"

接着演讲者朗诵了改编自福音书的一段文字，人们一定会想到《圣经》中的《捕鱼神迹》。在一段简短的演说之后，人们迎来了赐福祈祷：

我主耶稣，你指挥风与海，
请听我们的祈祷，和我们内心的祈愿：
希望你的手保佑这艘船和全体船员。
请听圣母玛利亚，这颗海上明星的请愿，
请听渔夫圣彼得的祷告，
看守且保护
这艘船和使用它的人们，
让他们赢得生计；
请带领他们向着硕果累累的捕鱼地进发，
并把他们安然无恙地带回港口……

在执行出海任务的罗贝尔·加波里（Robert Gaborit）神甫看来，大海的危险和捕鱼的不测比其他因素更加促进了赐福典礼的举行。在捕鱼船上，人们用手抛掷酒瓶，怀着真切的天主教热忱。家庭的感觉很真切，祈祷也很真诚。

船只改名也同样是件严肃的事情。在基伯龙（Quiberon）大海湾（大鸭群岛和小鸭岛，美丽岛），当人们为船只改名时，传统习俗要人们（用猎枪）击毙马鬼（Macoui）[8]，也就是说向着航迹的尾流开两枪，来驱散沿之字形追随船只的厄运。于是人们用一瓶香槟酒给船只重新命名。尾流溅起的浪花，葡萄酒泛出的泡沫，在蜂蜜酒和苹果酒的故乡甚至都不例外。

驾船游玩者

一些航海公司延续了赐福的传统，以此来欢迎人们购买船只。对于一个家庭来说，这是生活中十分特别的一刻，同时这一活动也是一种情感的投资。

在驾船娱乐方面，有许许多多的水手和船只参与。在下水之前，帆船一般会举行船舶下水典礼，而内燃机船最经常逃避这个已经成为异教的节日：（他们觉得）上帝会认出自己人的！

船舶下水典礼带有葡萄酒文化的色彩和光辉灿烂的效果，它演变成了一套三步华尔兹舞曲：人们将酒瓶在艏柱或船首，甚至在拉起的船锚上击碎。实际上用玻璃碰金属要比碰船头更好。所有人都能记起在罗贝尔·德里（Robert Dhéry）的电影《小泳者》中，一个特别严厉的女主持用香槟酒瓶在受洗船只的船头戳了一个大窟窿！

第一部严肃认真的、关于香槟酒和船舶下水仪式的电影纪录片讲述的是安德乐朋（André Lebon）号邮轮（19 260 吨，1913—

捕鱼归来，理查德·帕克斯·博宁顿（Richard Parkes Bonington，1801—1828）作。

[9] 法国女子古韦洛（Raphaela Le Gouvello）自 2000 年起陆续驾着风帆船横越大西洋、地中海及太平洋。2006 年，46 岁的古韦洛又征服了印度洋，成为史上首位独自驾风帆船横越印度洋的纪录创造者。

1952 年服役）的首航仪式。它于 1913 年在西奥塔（Ciotat）船厂举行，人们在纪录片中可以看到金色美酒的泡沫洒在船头。

传统在演进，一些新花样也开始流行起来：为船只洗礼的行为越来越多地被船主们采纳，就像那些载誉归来的 F1 赛车手们要喷洒香槟酒一样，这些船主在那一刻把自己当成了帆船界未来的舒马赫了！葡萄酒的馨香与聚酯纤维甚至与制作手艺精良的柚木味道混合在了一起。

仪式中的宗教部分在一点点地消失（只有百分之一的比例），同样濒临消失的还有把猫交付船长以赶走老鼠的习俗。只有击碎酒瓶的习俗流传了下来，葡萄酒万岁！但是那些职业人士仍然见到了仿冒的受洗仪式，仿冒的神甫和仿冒的合唱儿童！揶揄的水手仍然不改诙谐幽默的本性，乔装成神父的模样，戴着一顶布列塔尼教士帽，一下子把船推进水里。

帆板冲浪爱好者

据我们所知，第一次帆板下水仪式是 2005 年 12 月在巴黎航海沙龙中举行的。这个独创性的活动是法国女子古韦洛（Raphaela le Gouvello）[9] 运动计划中的重要环节，她在 4 个月后完成了穿越印度洋的计划：从澳大利亚至留尼汪岛。

在一番热情而感染人心的演讲之后，为了向古韦洛表达敬意，福斯汀 · 梅里（Faustine Merret），这位 2004 年雅典奥运会帆板比赛的冠军，亲手在为这一活动搭建的船锚上击碎了玛姆（Mumm）传统香槟酒瓶。

于是，在商业和传媒特征以外，从超大型邮轮到游艇，从横渡大西洋的客轮到帆板，大海的世界里镌刻着传统和迷信的烙印。葡萄酒赐福给那些即将出海的人们，这是一个熠熠生辉的、根深蒂固的传统，同时又带有强力的驱邪作用。

大海与葡萄酒的宗教仪式队伍

桑塞尔的圣文森节宗教游行队伍。

古老的文明如腓尼基文明中有这样一种习俗，人们在一次顺利的跨海航行之后会用一些小塑像来感谢上帝的恩赐。这些还愿物在17世纪和18世纪的天主教传统中表示祈求新征程的平安顺利。

在19世纪，无论是地下还是海上，这两个就业者们的世界都在生与死之间飘摇。在工业革命的年代，整个航海业发生致命事故的比例是矿井作业的10倍。

无论是航海业还是酿酒业，每一个领域中都少不了宗教仪式队伍。确切地说，这种仪式在航海人士那里是为了表达感恩或感谢之情，而对于陆上工作者则是为了驱除厄运。

实际上，在经历了船难、火灾、疾病和与海搏斗之后，那些幸存者奇迹般地生存下来。因此，他们永远怀着对上帝的感恩之心，有时候他们把这份感情献给圣母玛利亚，后者的形象被做成塑像。在宗教仪式队伍中人们手持担架柄托起塑像，正如同1月22日（圣文森日）人们会如此对待圣文森的塑像一样。每一个人都希望来年阳光普照，风调雨顺。

还愿物这一深深植根于我们航海历史中的传统可以拥有不同的形式：帆缆索具、船舶模型、木船漂流瓶、导航灯、大蜡烛、木版画、带有或不带有孩子的圣母玛利亚小塑像。

桑塞尔的圣文森节宗教游行队伍。

我们知道在葡萄种植界有一个圣文森，因为自身的象征意义而呈现出更为一致的外形特点：葡萄、剪枝刀、棕榈树、背筐和铁锹。

那些固定在一个地方的还愿物经常安静地坐落在一些海边的小礼拜堂中，而圣

勃纳的葡萄酒节，1925年10月18日。

文森的塑像则会在酒库中度过一年时光，或者时常在某一机构中存放：比如市政厅、旅游中心、协会所在地。在某个传统的节日场合，比如勃艮第圣文森葡萄酒巡回节，这位圣人会被从一个地方运送到另一个地方 。

不管是在海上还是在陆地上的这些条件艰苦、磨难层出不穷的工作环境中，人们的虔诚之心都是一样的，它激发了那些静心冥想的时刻。此时此地，无论是捕鱼者还是葡萄种植者，他们都怀着同样的谦卑之心臣服在自然的伟力面前。

风景：大海在先，葡萄酒在后

水手们，尤其是捕鱼者们为了海岸的风光景致，会举行一些适宜加入葡萄酒的仪式。如此一来，他们在岸边建立起神庙，希望它能给人们带来清静。

在根西岛（Guernesey）上的杰尔博格（Jerbourg）崖顶，人们把一块针状悬崖称作小男孩安德洛（Andrelot），或安尼里奥（Anerio）。它也被叫做小男孩安德鲁（Andriou）。有些人说远远望去，他就像一名僧侣。以前，在出海前，人们遵循一个流传很广的传统，给这位好先生送上一块饼干、一杯葡萄酒或苹果酒，向这位朋友和保护者干杯！

不知什么原因，渔民们习惯向海岸上的其他悬崖致敬，向他们干杯。因为这些人要绕过悬崖是极其危险的，面对险境，海角从古代起就成为了一种确定的崇拜对象。因此，在19世纪上半叶，当人们要绕过布雷阿（Bréhat）岛时，习惯于喝“一滴酒”，相当于一种表示驱邪的浇祭。

别忘了还有穿越赤道线的活动！那些从没有穿越过赤道的水手

暗礁一直是海员们的噩梦。奥古斯特·雷诺阿（Auguste Renoir，1841—1919）作。

们对这个神秘的仪式很感兴趣，穿越之后他们就会自然而然地成为航海老手。这个充满过节气氛的时刻可以排遣长时间海上航行带来的单调和乏味。

在历经惊涛骇浪之后，跨越赤道意味着正式进入大海，这片海域叫做“赤道无风带”。这个地区的天气状况难以预测，总是在风平浪静和突如其来的大暴雨中摇摆不定，风和日丽的日子可以持续很多天甚至好几个星期，而大暴雨虽然时间短，但是强度极大。老水手们这时会一身黑衣打扮，向年轻的水兵传授一种受洗仪式，这个仪式带着些捉弄新生的意味，目的是为了让年轻的水兵成为真正的海员。没有一条穿越线是相同的，但是一切仪式都印证了特定的传统习俗。特别值得一提的包括把水手浸入一个蓄水池中（象征生命之源和心灵净化），让他们吃一些不太能引起食欲的食物，以及到海军皇家法庭出庭。在这项仪式之后，年轻的水兵在那些有经验的老海员中便占有了一席之地。为了这样的场合，人们准备了葡萄酒来助兴。

按照传统习俗，每位第一次从海上（乘坐帆船或跨洋大客轮）穿越赤道线的船员都享有接受洗礼的待遇。在典礼上，香槟酒为大家带来了欢乐的时刻，营造了友好的氛围。

我们在此引述皮埃尔·罗曼·德苏瑞（Peirre Romain Desury）船长描述穿越直布罗陀海峡过程时所讲过的一段话：

在横渡海峡过程中，我没有看到什么非凡的景致，直到到达直布罗陀海峡的那一刻……，在穿越直布罗陀海峡的前一晚，大家一起为受洗仪式作准备。船上的一位船员自制了小胡子，尽最大努力乔装打扮自己，他在兜里装了些豌豆登上桅楼，在那里哆哆嗦嗦地将豌豆多次扔到甲板上，这宣告了“猴山”先生的到来。他命令船长讲话，船长本人一直都很愿意参与这一滑稽剧。他问船长从哪里来，要到哪里去，船上是否有还未接受过受洗仪式的人，并且要求他如实禀报，否则将有灾难降临。然后他哆哆嗦嗦地走下来，冻得浑身直发抖，他要了一杯葡萄酒，让自

从直布罗陀海峡遥望非洲海岸，欧仁·德拉克鲁瓦（Eugène Delacroix，1798—1863）作。

己从疲劳中缓解过来，并下令明天举行受洗仪式，也就是说，在横渡海峡的时候举行。

当我们刚到达猴山时，我们拿起一根缆绳，将其一端栓在帆索上，另一端系在一定高度的滑轮上。我们找到那些还没有接受过洗礼的人，用大拇指把他们栓起来；然后我们拉起缆绳，这就得强迫他们抬起胳膊；于是我们拿起一个漏斗伸进他们的袖子里，在那里灌了些水，又在他们的头上洒了一些，然后降低绳子，让他们坐下……，并让他们许诺到达目的地后要带回一些美酒；然后我们给他们松绑了。随即便开始了大规模的洒水。唯有舵手幸免，船长也因为许诺每人一杯葡萄酒而幸免被淋湿。

如果这是第一艘船第一次跨越海峡，水兵们就会威胁说要切断船首曲材。一个人大步上前正准备敲打，但是船长连忙说他会奖赏双分量的酒，大家才高兴地作罢。

当马赛的舵手登船时，人们对他说的第一句话便是："好啊，舵手，有多少酒？"这都是什么人啊，总是问多少酒，从来不问有多少面包！的确，面包这事与他们无关，是船商提供的，而他们想要比规定份额更多的葡萄酒，用他们的奖金来买单。

很快，船就停泊妥当，在接受了自由时间后，大家开始在当晚狂欢。船员们当然可以休息，但是没有人会这样做：他们要在陆地上喝一瓶。自从他们离开法国以来，就只喝过很少量的酒精饮料，稍有一点什么东西就能让他们神魂颠倒……看吧，这些人喝得醉醺醺，差点找不到他们的船，他们酩酊大醉，这比工作还累。

近年来，警方作出了一项很有智慧的决定。只要天黑了，如果看到一个喝醉的人，就把他关到拘留所 24 小时，然后再把他放了。所以如今醉酒的船员比以往大大减少了。

海难，路易·菲利普·克雷平（Louis-Philippe Crépin, 1772—1851）作。

在一艘皇家潜水艇中，跨越 100 米水深成为了另一项仪式：这是一个让见习水手第一次潜水时的入门仪式，它带有一些水上娱乐的性质，一次性潜入到某一深度——具体多深可是国防秘密——通

常是在水下 100 米左右。

传统习俗规定让相关人员喝海水。事实上，这种迎接第一次成功之举的饮品一直都让人厌恶，多多少少会让人感到作呕。

处女航成功后，人们会为船员奉上特定的葡萄酒作为补偿，来庆祝他航海事业的开启。这一事业未来会在更深的海底进行，更加真实，更加有实战性，毫无疑问，也不再那么富有趣味了。

克里斯托弗·哥伦布到达美洲大陆，弗朗西斯科·索利梅纳（Francesco Solimena，1657—1747），本名拉巴特·裘秋（l' Abbate Ciccio）作。

葡萄树的疾病与面对大海的人

Le Vin & la Mer

葡萄树与来自大海的疾病

在 19 世纪末期，这位大面积毁坏了葡萄树的瘟神长着 3 个怪头：葡萄根瘤蚜、白粉病和霜霉病。

1852 年，白粉病（一种真菌：拉丁文 Uncinula necator，葡萄白粉病）在葡萄园中扩散。1864 年，葡萄根瘤蚜打倒了葡萄树。这个极其微小的昆虫是一种黄色的蚜虫（拉丁文 Phylloxera vastatrix，葡萄根瘤蚜），它刺破植物的根，并且夺走葡萄树的活性树液。这个破坏分子来自美洲，那里的葡萄田可以抵御它的侵袭。在没有根的情况下，根瘤蚜是不能被引进的，因为根是它维持生命和运输的条件。

1878 年，轮到霜霉病了：这种真菌（拉丁文 Plasmopara viticola，葡萄霜霉病）也来自美洲，能摧毁葡萄园。处理这种真菌的方式是用波尔多液：石灰硫酸铜液。

大海要独自为此负责，这个应受谴责的科技进步！

实际上，在 19 世纪，受到浪漫主义大环境的影响，绿地都沾染上异国情调的色彩，灌木林里的植物是从海外引进的，花园里的植物也来自不同大洲。收藏家们出于对诗人和小说家们所赞美和歌颂的繁茂原始的自然的喜爱，在他们的温室中引进了原产美洲的葡萄植株，这些植株同时附带着极具摧毁力的昆虫，他们有些已成年，有些还是幼虫。这些通过海路而来的葡萄枝蔓总是连带着植株的根部，因而也充当了昆虫的运输工具。

那时，在远洋航行的船舶中，蒸汽船已经取代了帆船和帆桨战船，因而缩短了从大西洋一端至另一端的航行时间。也正因为如此，被缩短的时间有利于寄生物的存活，而它们以前则没有这般好运气。横跨大洋的速度增加了，时间从几个星期缩短到几天，这促进了根瘤蚜传染病的蔓延，这是技术进步（蒸汽机）和社会进步（世界开放）产生的不幸后果，也是葡萄学实践产生的不幸后果。

人们试图用半咸水来修复大海所带来的种种危害。低地葡萄藤（如纪龙德省的沼泽地）、潮湿的岛屿、沙质葡萄园都曾使用过，以此来控制灾害的破坏。对植株的浸泡、多沙的根部可以防止昆虫进入，水则可以保护这些已经很稀有的葡萄苗木。但是一旦它们被移植到其他被侵害的土地上时，这些植株就不能抵抗传染病了。

最实在的抵御方法就是将一株能够抵御蚜虫的美洲葡萄苗木当作嫁接的砧木，在其上会一株接一株地重新生长出全部法国葡萄苗木。因此，美国人也许拯救了法国人 3 次，或许每一次都慢了半拍：19 世纪是在我们的葡萄园，1918 年一战结束，以及 1944 年著名的诺曼底登陆。

如今，从根到果实都是 100％法国原产，且没有经过著名的美洲砧木帮助的葡萄植株并不多，比如卡马格湿地（Camargue）（里斯特尔 Listel 葡萄酒产区）或者纪龙德沼泽地的葡萄植株。但是我们并不保证这些地区产出的葡萄酒的口感是无可挑剔的。

大海带来的葡萄疾病加强了葡萄园之间的联结，并且引入了一种工会精神。如果说卫生方面的灾难来自大海，那么大海间接地导致了葡萄园种植者们的团结一致。

以前是海运，如今是空运葡萄植株，它们都极大地改变了植物的生存环境，导致一些国家采取极端严厉的卫生措施，比如用杀虫弹喷射船舱或机舱。目的是：保护本地环境。

根瘤蚜是这一传统中最具杀伤力的一分子，这种大洋间运输所产生的危害却并非出自大海的本意。

海上疾病与葡萄酒的治愈功能

在古代以木船和帆船为主的航海途中，船上的水源经常会在几周过后遭到腐坏和污染，这是霍乱等肠胃疾病的元凶。凭借经验，人们了解到这些病经常会致人于死地。于是人们小心谨慎地切断水源，代之以醋、红酒和白酒。

自从西方医药学的奠基人希波克拉底开始，葡萄酒就被当作运输来自动物、植物和矿物的有益物质的工具。在这些“医用葡萄酒”中，人们发现了那个时代的一些经典药方，它们被锁在船上的箱子里：Kinkhina 葡萄酒可以治疗发烧（尤其是疟疾）；含有樟脑香气的葡萄酒可以治疗外伤：轻度骨裂或意外脱臼；催吐葡萄酒可以治疗一些消化类疾病。

克里斯托弗·哥伦布和他的远征队员们在已知的药

长途旅行要求在船上储备药用葡萄酒。美洲地图，让·泰奥多尔·德布里（Jean Théodore de Bry）作。

剂中（芸香、大量薄荷、鼠尾草）加入了金鸡纳霜，一种有奇效的祛热剂，这些人从他们的海洋探险中带回了这种卓有成效的药方。

佛萨格里弗（Fonssagrives）是一位医生兼卫生专家，它建议为病人和药剂师提供一个特殊的储藏室："我还有一个愿望……那就是在出发前可以看到人们把从商店买来的一定数量的桶装葡萄酒（最好的和最古老的）装瓶，这样既可以供高级船员们饮用，也为病人们建造了一个酒窖，它们的胃会因此而受益。"

在15世纪和16世纪，每当水手们进行持续好几个月的长途航行或环球旅行时，坏血病一直是水手们的噩梦。与陆上地方病相应的是这种被称作"海上瘟疫"的传染病，它是极度缺乏维他命C的结果。

挤在潮湿的、满是跳蚤和虱子的环境中，船员们因感染坏血病而死亡。一趟去印度的旅行，如果有五分之一的人没有被夺去生命的话，就是万幸的了。

这种主要被视为热带病的疾病同样会侵袭在两极水域航行的船员们，他们会遭受同样的痛苦，而原因也是相似的：缺乏新鲜食物。

法国海军的外科医生们对于这一病理的源头提出了许多异想天开的理论：恶劣的食物，污浊的空气，寒冷和潮湿，肮脏的环境。卫生医生则求助于葡萄酒，以此降低因船舱拥挤以及在炎热国家停留时间延长所带来的不利影响。

那些可以防治坏血病的葡萄酒，或者说假定有此效果的葡萄酒，实际上可以运输那些据说有益健康的物质：金鸡纳霜、桧果、苦艾等等。船上的外科医生用白酒和柠檬树皮或和带糖的桔子树皮的混合物来治疗坏血病。

库克（Cook）是第一个被说服坏血病可以通过良好的卫生和精心设计的饮食而制伏的航海者。他是第一位带领全体船员安然无恙地回到港口的船长，然而他自己却被夏威夷岛上的吃人肉者所吞噬：命运如此不公！

因此，在神经科医生的儿子夏尔克（Charcot）从火地岛启航作极地探险时，他坚持在对船员们的演讲中提到葡萄酒："我不能没收

根据风的情况，一次航行的时间可能会加长到两倍。阿尔达号在再一次风平浪静的灰色和谐色调中航行，亨利·布鲁克曼（Henry Brokman, 1868—1933）作。

你们的葡萄酒，这是为了你们的健康着想，你们会需要它的。”

布鲁奈（Brunet）转述了布沙尔达（Bouchardat）的话，后者提到了两艘巡洋舰，一艘提供威士忌的英国船遭受了坏血病的侵袭，另一艘使用葡萄酒的法国船则逃脱了厄运！

在17世纪，黑奴的健康状况已经很不稳定，他们大部分人都在从非洲到安的列斯群岛的运送中因坏血病而丧生。

在那个时代，能够完好无损地回归陆地就是一项功绩，一种幸运！

然而在一次横渡大海的旅程中，并不只有身体的疾病，精神的病痛有时更加难以忍受。葡萄酒对于鼓舞团队的士气有很好的作用。佛萨格里弗强调道：“在这神奇的葡萄酒中有多少慰藉啊，无论禁止还是特许饮用葡萄酒，它们都是控制内部纪律的两个主要动因。”罗夏尔（Rochard）和博岱（Bodet）补充道：“葡萄酒具有刺激神经、强身健体以及防治坏血病的功效，他对人们的健康有巨大的影响……更不用说，它可以使大脑产生轻微兴奋感（少量饮用来源安全、质量好的酒），给人们带来某种真实的快乐。”

所有人都赞同把葡萄酒带上船，因着一种实际上错误的观念——它有防治坏血病的功能，也因着一个正确的认识——如果少量饮用，它可以强身健体、兴奋神经。

即将从波尔多港出发的远洋邮轮，里查尔·法克松（Richard Faxon，1859—1875 在役）作。

CHAPTER 3

第 3 章

从陆地到海洋，葡萄酒的胜利

Le Vin & la Mer

大海，葡萄和葡萄酒扩张的关键

Le Vin & la Mer

一流的河流，一流的城市：希罗多德[1]为我们展示了船舶的盛况，它们满载着盛满葡萄酒的木桶从幼发拉底河向下游的巴比伦驶去。

公元前 1500 年，迈锡尼人掌控了西西里岛和叙利亚之间的商贸往来。最早的中心贸易圈群就位于地中海的中心地带。很久以后，在公元前 8 世纪时，希腊在西西里岛建立了新的港口，也在意大利建立了港口：先是在库麦[2]，最后终于在纳克索斯岛（Naxos）[3]，目的是控制墨西拿海峡[4]。

殖民浪潮在西西里岛掀起，科林斯城邦在希拉库萨（Syracuse）和罗德岛 (Rhodes) 建立起政权。希腊伯罗奔尼撒半岛的居民们建立了锡巴里斯城（Sybaris），然后是那不勒斯，而科林斯人则建立了克基拉岛（Corfou）。至于雅典人，它们与伊特鲁里亚人结成了联盟。所有这些港口都经历了一定的辉煌，随之增长的财富与葡萄种植业带来的繁荣贸易很好地联系在一起。西西里岛和意大利南部因此取名大希腊，或被叫做

[1] 古希腊历史学家。

[2] 意大利南部的希腊人城邦。

[3] 希腊岛屿。

[4] 地中海中沟通第勒尼安海与爱奥尼亚海的海上通道。位于亚平宁半岛与西西里岛之间。

掌管贸易的精灵们，皮埃尔·保罗·普吕东（Pierre Paul Prud′hon，1758—1823）作。

地中海贸易是促使葡萄园扩张的重要原因。从船上卸载树干（大约公元前710年；萨尔贡sargon二世统治时期，从德·萨鲁金遗址中发掘的雪花石浅浮雕）。

"Oenotria"，即生长葡萄的地方。逃脱了波斯人的控制之后，马赛人建立了马西利亚城。在每一个港口周边都出现了葡萄园。马赛很快产出了自己的葡萄酒（公元前500年）。于是在那里开始了我们国家的伟大历险。马赛人控制了罗纳河谷，他们逆流而上，穿过了勃艮第，最终到达塞纳河畔。

贸易突飞猛进地发展，每一个建起的港口都成为了聚集财富的中心。葡萄酒聚敛来的财富聚集在这些被占领的河岸上，这在历史上也实属罕见。

全世界最美的产品如果没有被输送传播，那么充其量也只是一纸空文。里卡尔多（Ricardo）在当时提出，葡萄酒贸易只能在自由交易中发展壮大，自由的环境保证了贸易的持续发展和原产国财富的增长。时至今日也依然如此：最繁荣和最负盛名的葡萄园一直都是那些能够出口产品的葡萄园。几个世纪以来，大海一直是这一成功贸易的高速通道。

装饰性的加勒比海和大西洋的航海地图，1659年作（作者不详）。

在有铁路以前，若想达到最大运输量所具备的条件，就要有距离近的港口和可供航运的河流。这样的条件保证了与北欧大型市场的便利联系，在那里葡萄酒通常能卖到最高价钱。

地处欧洲西部，法国占据了北欧和伊比利亚王国的正中心位置。在法国的经济史上，葡萄酒向欧洲西北部国家的运送，以及它在法国境内的流通体现着日常的商贸往来，这是大西洋沿岸的法国港口最重要也是组织最严谨的贸易交流。

所有的法国河流和港口因而都或多或少受到了葡萄种植业的影响，它们无一例外地都在经济上受惠于此。

许多外国港口，如波尔图（Porto）、阿利坎特（Alicante）[5]、南非角，也在效仿这种实际经验。在法国，波尔多是一流的葡萄园、一流的城市和一流的港口的代名词。

[5] 阿利坎特，西班牙港口城市。

波尔多，加龙河与纪龙德河

从古代到 16 世纪

周围环绕着许多小型港口的纪龙德海湾逐渐发展为布迪格乐港（Burdigala），即未来的波尔多港。因为这一港口地处河流的拱弯处，因此人们称之为“月亮港”。这个城邦之所以声名远播，是因为早期的航海运输十分发达，其中当然也包括葡萄酒运输。

在高卢人征服时期，罗马军团在谈判人的帮助下出口橄榄油和坎帕尼亚（Campanie）的葡萄酒到英国。途中经过奥德省（Aude），穿过一条陆上支流，以及可以通航的加龙河。他们同时进口科努瓦耶（Cornouailles）的锡，和西班牙的铜。在公元 1 世纪初期，葡萄的种植为此地带来了突飞猛进的发展。

公元 4 世纪，波尔多诗人欧颂（Ausone）(310—395) 歌颂满山坡的葡萄树，它们的倒影映在加龙河的水面上：“哦，我的祖国，你闻名天下，因着你的葡萄酒，你的河流和你的人民！”

中世纪时，波尔多成为了阿基坦大区[6]（Aquitaine) 的首府。这

[6] 包括波尔多在内的法国西南部地区。

个江湾港城市从此开始专注于与葡萄相关的贸易。

在整个这一时期，许多地势呈缓坡伸入河流的港口在加龙河畔出现了。有些港口选择了谷物贸易，而另一些则转向了葡萄酒贸易。这些都是或用手推车、或用滚运木桶的方式靠人力来完成的。

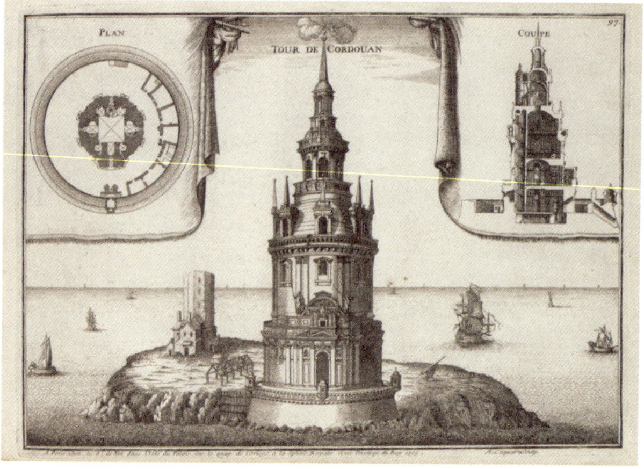

科尔杜昂灯塔（Cordouan），灯塔中的国王，它标志着波尔多港的重要性。这幅作品展现了位于纪龙德河河口的科尔杜昂皇家灯塔，它于1584—1610年建造，A. 高卡尔（A. Coquart）作。

自航驳船这种河流运输方式出现于船只使用规模扩大之时，它必须要停留在航道中央。在驳船的帮助下，人们可以装载或卸载船只，这是因为当时还没有现代意义上的码头。

波尔多港口微弱的活动没有抵挡住阿拉伯和诺曼底蛮族在罗马帝国衰亡之后的涌入。

在阿基坦的安列诺尔（Aliénor d’Aquitaine）的丈夫，亨利·金雀花（Henri Plantagenêt）登上英国王位之后，纪龙德河成为了阿基坦大区的进入通道，这里被英国王室管辖了3个世纪之久。波尔多衰落之后，它在英国的统辖下经历了一个时代的繁荣，直至15世纪中叶。

这个脱离法国剩余领土的地区与不列颠岛屿和北欧国家开展贸易，依靠的是……大海，这个葡萄酒和白酒的唯一出路！阿基坦地区迎来了3个世纪的经济繁荣。1215年，比起拉罗谢尔（La Rochelle）的葡萄酒，让·桑戴尔（Jean Sans Terre）[7] 对波尔多葡萄酒给予了更多的偏爱。1224年当战争再度爆发时，他的臣民们将这种葡萄酒献给法国国王：当时葡萄酒还能影响历史！

葡萄酒交易在阿基坦和英国的联系之间占据了主导地位，特别是在1226年亨利三世的统治下。其他地区也慢慢地开始关注葡萄酒（如诺曼底、布列塔尼、弗兰德）了。从此除了波尔多在秋天运送的葡萄酒以外，还加入了那些在城市上游产出、在春天运送的葡萄酒。

[7] 让·桑戴尔是时任英国国王昂西二世和英国王后爱莲娜的儿子。

[8] 中世纪北欧诸城市结成的商业、政治同盟。

[9] 英法百年战争是指英国和法国，以及后来加入的勃艮第，于1337—1453年间的战争，是世界上最长的战争，断断续续进行了长达116年。

[10] 卡斯帝勇（Castillon）战役以法国的胜利标志着英法百年战争的结束。

彼时，不断壮大的英国对贸易的觉醒为波尔多创造了十分有利的条件。1229年，173只满载葡萄酒的波尔多船只到达伦敦。

在几乎免除水上运费的航运中，大船装运着当地的石块来到英国，其中包括大量的花岗岩和火山岩石块，它们取自加龙河沿岸村庄如圣艾米隆（Saint-Emilion）或拉罗谢尔的古老城墙。这是令人惊叹而又简洁的三重奏：石头、大海、葡萄酒。

在1305—1306年间，人们运送了10万桶葡萄酒。船舶和水手们首先是英国人（1303—1304年占40％），然后还有布列塔尼人、诺曼底人、巴斯克人，鲜有波尔多人。

波尔多的繁荣仰仗于不同的国王，他们与贪恋“波尔多葡萄酒”的英国和北欧建立起紧密的贸易联系。出口贸易还发展到汉萨同盟[8]与荷兰。

1372年，波尔多港目睹了200艘帆船组成的商队的到来。葡萄酒贸易并没有把彼时正在进行的百年战争[9]放在眼里。

1373年，卡奥尔（Cahors）、罗德兹（Rodez）、阿尔比（Albi）这几个亲法国的城市被禁止从海上出口葡萄酒，它们便捷的海上出路被断绝了！14世纪时，每年有7 000万升到1亿升的葡萄酒在港口间运输。

1382年，波尔多大主教的财务账目要仰仗河底淤泥量，人们在那以前去大海中寻找这些河底淤泥，也就是说去河床中寻找。人们把纪龙德河能感受到潮起潮落的整个地带叫做大海。人们将这些淤泥平铺在新建起的葡萄园上。据迪翁所说，这个地方是在罗尔蒙（Lormont）沙漠，靠近主教城堡。

英国船只向它们自己的岛屿带去了许多从波尔多出口的葡萄酒。直到1453年，卡斯帝勇(Castillon)战役[10]结束的时候，波尔多都是一座属于英国的城市。这一年，虽然波尔多解放了，但是却标志着一个转折：懈怠和衰落的开端。如此低迷的状态一直持续到18世纪初。

15世纪末期，荷兰船队加入那些管理葡萄酒运输的船舶中。

1509 年，将近 600 艘散装酒船驶离波尔多港，它们是法国葡萄酒运往英国的优先船只，1589—1590 年达到了 850 艘。

16 世纪时，得益于高质量的葡萄种植业，这种暂时好转的局面得以维持。由于蒸馏技术的调整，与其密切相关的白酒从 1553 年起加入到出口的葡萄产品之中，其中包括著名的加斯科尼白酒（gascon wine)。

1565 年，查理九世下令在沙桐（Chartrons) 码头开始囤积产自高地的葡萄酒。

17 世纪

17 世纪初，波尔多进口到伦敦的葡萄酒发展到 6 500 桶左右，其中大约 3 000 桶来自不受波尔多人控制的辟地港（out ports)。作为历史上的一个重要机构，吉耶那（Guyenne)[11] 贸易议会在 1705 年尝试将波尔多建成一个大型港口中心城市，以鼓励葡萄酒出口。

城市化慢慢地将沙桐地区，这块交易的高地，变成了市中心。今天已跻身传奇行列的沙桐码头朝向河流，批发商从他们的酒库中就可以看到它们的船只。一些人甚至成为了船商，如巴尔顿（Barton）和吉斯杰（Guestier）[12]。

1650 年左右，省际联盟保证了三分之二的葡萄酒出口量，这得益于他们更加庞大、成本更低、数量更多的船只：达到了 15 000 ：9 000。这些省际联盟在欧洲的沿海省份取得了控制权。

1692 年至 1815 年，波尔多人装备了不下 1 000 艘战船，或者说“战船兼商船”。船主们拥有检查合格证，被批准检查与法国作战国家（英国与西班牙）的船只，并且可以重新出售缴获的商品。这是一项十分有利可图的活动，其中德斯帝拜秋（Destibetcho）就在众多本地航海者中脱颖而出。

在 17 世纪，与安的列斯群岛[13] 的贸易取得飞速发展，因为西

[11] 吉耶那，Guyenne，法国西南部旧省名称。

[12] Thomas Barton 的子孙和继承人在 1802 年和一个法国商人 Daniel Guestier 成立了今天波尔多历史最悠久的品牌宾杰（Barton & Gue-stier）.

[13] 安的列斯群岛（英语、法语：Antilles；西班牙语：Antillas；荷兰语：Antillen）为美洲加勒比海中的群岛。先后有西班牙、英国、荷兰及法国的殖民者到来争夺殖民地，而本来的原住民被欧洲人带来的瘟疫所灭绝。今天居住在这片土地的大多为欧洲人及其奴隶的后裔。

盐场工人们眼中的波尔多港口，约瑟夫·维尔奈（1714—1789）作。

方人对热带产品的热爱，安的列斯群岛经历了非同寻常的繁荣，使得波尔多从此晋升到法国一流港口之列。进口产品（蔗糖、咖啡、靛蓝染料、棉花）超越了出口产品（葡萄酒、白酒、干李子、面粉）。葡萄酒贸易因为英法协议而继续蓬勃发展。

即便弗兰德、荷兰、汉萨联盟的城市以及英国依旧是主要目的地国，波尔多葡萄酒的销路也更加多元化了。

葡萄酒随着外国船只而销往全球各地，世界上最古老的贸易公司——拜尔曼公司——就是这样从荷兰起家的。

17 世纪时，荷兰人成为了贸易中的领头羊。他们之中的很多人都在波尔多定居，建立起了最重要的外国殖民地，他们的陆上目标是排干沼泽水分，其好处在于：

- 可以大力发展葡萄种植业而不必担忧水患。
- 可以在平原上种植谷物。
- 或者可以尽其所能放牧以发展畜牧业！

这些来自海上的人口大部分是冲着葡萄酒而来的，他们逐渐因为工作的缘故而形成了一种“软木塞贵族”：他们成功地融入了当地。这些外国人在17世纪和18世纪中非常活跃，他们对葡萄酒贸易的发展起到了决定性的作用。他们建立起了以查尔特勒酒[14]和其他梅多克葡萄酒城堡为代表的真正的财富。

但是与荷兰和奥古斯堡联盟的战争最终决定了波尔多人自己必须“适应航海”。船舶的本地装备在长时期内将会越来越频繁地被使用，波尔多果断地转向了大海。

18世纪

辉煌的时代，灯塔般的时代！波尔多，它是通往非洲、新世界和东方印度的大门，他成为了旧体制下的欧洲第一港口。

大西洋岛屿及其扩张激发了波尔多的发展壮大。无论是船长还是批发商，波尔多人开始转战海外，创建起销售同业联盟。同一个家族在大西洋的两岸出现。岛屿的贸易促进了一些社会团体的发展，其中包括葡萄牙犹太人格拉帝斯（Gradis）家族。他们在社会上的地位不断上升，在波尔多南部城郊的塔朗斯（Talence)葡萄园建立了自己的公司。

在美国独立战争初期，皇家海军为这些装载着葡萄酒的船只保驾护航，船队系统因此而建立。作为交换，皇家海军从来自岛屿的商品中征收8%的税费，以此来保证对商船船队的保护。

波尔多人控制了经济，因为他们懂得外语，因而能够更好地把自己全副武装起来。他们利用了双语特别是英语环境，这是葡萄酒贸易带来的直接恩惠。

在旧制度末期，小型海湾港口装备了近海船，并且用葡萄酒养活了区域大都市和航海船舶。

在法国大革命影响下的萧条时期，英国实行封锁，其后果就是

[14] 查尔特勒酒：查尔特勒修会修士所酿制的一种甜酒。

石头与桅杆的森林，鼎盛时期的波尔多港口，欧仁·路易·布丹（Eugène Louis Boudin，1824—1898）作。

禁止法国向英国出口葡萄酒。1789 年前后波尔多城市开始衰落，人口开始减少，这时的法国在（与北欧和安的列斯群岛）繁荣发展的贸易中才终于将目光投向大海：法国的海上觉醒是完全实际而富有“行动力”的。

有了圣多米尼加这颗安的列斯群岛的珍珠，海上运输囊括了咖啡、靛蓝染料和烟草，尤其是蔗糖，其中三分之二出口到法国港口，然后再连带着葡萄酒与白酒运到北欧和中欧。他们与西班牙也有贸易交换，向那里出口呢绒、葡萄酒和其他食品。

法国大革命战争和帝国战争中断了波尔多港口的飞速发展，再加之切断了与英国的联系，波尔多港顿时黯然失色。由于失去了海上联系，它只得依靠自身了。

19 世纪至 20 世纪：重生、竞争与转变

我重新看到了晒干的鳕鱼，穿着三角围裙的女服务员们为渡船上的客人们服务……葡萄酒木桶滚动着向境外出发，花生们在夜火车中被压扁了一半，这些夜火车正带着商品从码头驶向火车站。

——让·卡罗勒（Jean Cayrol）

从 1829 年开始，勒阿弗尔 (le Havre) 从波尔多抢走了殖民地贸易的主导地位，而伦敦则在欧洲北部垄断了殖民地产品的再分配。

19 世纪中叶，波尔多在向南美洲的运输业中超越了马赛。在第二帝国统治时期，南美是月亮港的主要目的地。从 1860 年开始，波尔多为南美目的地着手筹建了一条远洋邮轮航线。在 19 世纪 80 年代，皮革、毛皮、阿根廷羊毛或谷物、智利的铜、秘鲁的鸟粪肥料、哥伦比亚的咖啡、委内瑞拉的可可，这些贸易达到了航海吨位的三分之一。而对于出口，法国输出的产品永远是葡萄酒、白酒和工业产品。

1849 年，勃艮第葡萄酒公司布莎（Bouchard) 就将一部分转移到波尔多，为的就是利用这里便捷的商贸和港口的战略优势。

从 1842 年到 1870 年，葡萄酒出口量翻涨至四倍，这是第三共和国的殖民统治所促成的。

1851 年，皇家运输公司集团成立（其后变成皇家海运公司），目的地面向南美、非洲和摩洛哥。在即将启航驶向南美洲的船舶上，对于那些贵宾们——外交官、地主，特别是阿根廷人——一切梦想都成真了。这些横渡大西洋的远洋客轮承担起巡游大使的职责，精致作物、服装、波尔多葡萄酒，即使他们提供的这些产品并没有北大西洋的奢侈品那样张扬。

烹饪是法国航线的制胜法宝，酒吧是船舶建筑师非常看重的一块地方。作为核心人物，波尔多酒保从出发的那一刻开始就要开始工作。凭借着丰富的实际经验，他意外地成为了谨慎的天气预报官员。如果看到他整理酒杯和酒瓶，那么这就是一个令人担忧的信号，可能会发生某种紧急的甚至是严重的气候干扰！

在正在服役的大型邮轮中，大西洋号是一艘波亚克人的远洋轮船，它在一次火灾中遇难。吃水深度稍浅的巴斯德号接替了大西洋号，一直驶到了波尔多港。

大西洋号在每次的航行中都做好了充足的贮备：

- 10 000 千克的精致葡萄酒
- 4 000 瓶香槟
- 40 000 升普通葡萄酒
- 15 000 升啤酒
- 12 000 升矿泉水

在 19 世纪末期，港口拥有木制库房，其中贮藏的众多酒桶显示出波尔多独立自主的港口运输和地区葡萄园的紧密联系。

而后，因为葡萄疾病，极受影响的葡萄酒贸易发展速度放缓。在 1914 年一战爆发前夕，殖民地交易在波尔多港的比重仅占进口吨数的百分之二。

一战爆发之后，传统的大宗贸易遭受了一些波动，俄国禁酒令的出台让波尔多丢失了俄国市场。1920 年至 1930 年间，沙桐人经常去参加远洋邮轮上举办的慈善庆祝会。他们由此而建立起一个莫里亚克[15]笔下戏谑的小团体（小说《优先权》）。这些来自外国、经常是信奉新教的家庭一直控制着葡萄酒贸易。

在20世纪之初，葡萄酒在大吨位货运中占据很重要的位置（尽管次于化学产品），这种散装货物的确需要一些劳动力。葡萄酒贸易带来了大量财富，这促成了1924年11月14日首次与勒阿弗尔港口达成的协议：波尔多成为自治港，从此脱离了巴黎权力中心的管控。

1940年[16]，波尔多成为了德国人的海底基地。对于德国人来说，英国人绝不敢冒险在他们最喜爱的法国城市投炸弹。幸运的是，敏捷的英国飞行员既瞄准了目标又没有损伤城市。值得注意的是，1940年，为了获得解放，波尔多市自愿成为英国客人和朋友的最后登船点。

在20世纪末期，专门负责葡萄酒运输的散装酒船将波尔多和非洲各海岸联系起来：3 000吨散装葡萄酒和20吨罐装葡萄酒。

如今，纪龙德省经济的3大支柱仍然是木材、葡萄酒和港口：用于葡萄栽培的肥料，用于种植葡萄树和制作酒桶的木材。外国如意大利和新世界的葡萄酒也在以一种较为谨慎的方式参与到这项新的交易中来。

一些外港开始欢迎集装箱船，1976年以后这些船成为海上新宠，它们从此保证了人们可以用酒瓶和木箱装运葡萄酒。2003年，葡萄酒和酒精饮品的交易总量达到了将近40 000吨，其中四分之三是包装出口的精致葡萄酒：集装箱化的商品。最重要的交易则以货运飞机完成，因为航空运输更为快捷。

在葡萄酒方面，质量宪章与它的合作编辑——波尔多葡萄酒行业间委员会（Comité Interpro-fessionnel des Vins de Bordeaux）——负责管辖港口活动。这一使用广泛的制度监督着这些现代化的后勤作业：货品装卸、运输、频率、节奏、速度和冷冻保温措施。

总的来说，葡萄酒在港口发展史和波尔多城市历史中扮演了重要的角色。波尔多是加龙河的女儿，它依赖着这条河流舞动华尔兹

[15] 弗朗索瓦·莫里亚克（Fran ois Mauriac，1885—1970），出生于波尔多的法国小说家，1952年诺贝尔文学奖获得者。

[16] 二战时期，波尔多在1940年是法国政府所在地。

三部曲：从 12 世纪到 15 世纪的繁荣（向北方出口葡萄酒），到经历衰退，再到 18 世纪初因殖民地贸易而重生。

在 21 世纪初，波尔多在大海与葡萄酒之间的链条作用减弱了。但是城市仍然充满着活力，这股活力涌动在陆地葡萄园与大海的波涛间。

酒神仍然关照着海神，主导着海神。这种关系在两个世界、两个神明之间演变。根据一些农业部高官的说法，波尔多葡萄园是法国葡萄种植业的“司令舰”。

这段历史证实了，葡萄酒曾经与波尔多的城市历史和港口历史有着多么密不可分的联系。

拉罗谢尔：陆地与大海之间的港口

欧尼（Aunis）：这是一个海天相接的地方。——J. 于拜尔（J.Hubert）

中世纪

欧尼和圣东日（Saintonge）从蒙昧时代起就因为共同的优势而联结在一起，它们为商贸船队提供锚地。通过近海运输，这个海岸呈现出一派港口景象。

拉罗谢尔地处大海、盐土沼泽和一个长期种植和出口葡萄的狭长村庄之间。它就像一个半岛，没有“美丽河流”穿过，一直远离主要交通干道。这个城市长期以来都依靠近海运输而生存。

金雀花亨利二世的妻子，阿基坦的安列诺尔，于 1178 年对拉罗谢尔允诺了一个共同宪章，于是在 1180 至 1190 年间，纪尧姆

拉罗谢尔港口景观，约瑟夫·维尔奈作（1714—1789）作。

罗什福尔港口景观，约瑟夫维尔奈（1714—1789）作。

(Guillaume) 十世在此地发展起“新港”。1198 年，拉罗谢尔葡萄酒首次出口到弗兰德地区。1224 年，拉罗谢尔听命于于法国国王路易八世。自从路易 · 奥古斯丁得到欧尼和圣东日之后，国家开始对海洋产生兴趣。卡佩王朝的国土因而羞涩地向大海开放了。

公元 8 世纪标志着拉罗谢尔贸易交流的巅峰。拉罗谢尔被人们称作贸易共和国，它的财富以盐和葡萄酒为基础，直至 15 世纪都是法国面向大西洋的最重要港口。这两种食物的大批量出口推动了邻省作物的流通。昂古莫瓦 (Angoumois) 和圣东日的葡萄酒，特别是科涅克 (Cognac) 地区的葡萄酒，在大西洋的开放下找到了新的销路。

[17] 泽兰，Zélande，荷兰省名。

[18] 雷岛，Île de Ré，法国西海岸比斯开湾岛屿，属滨海夏朗德(Charente-Maritime)省。

[19] 位于法国的西南，是普瓦图—夏朗德大区（Poitou-Charentes）的滨海，夏朗德省（Charente-Maritime）的一个城市。

[20] 即夏朗德省和滨海夏朗德省。

14 至 16 世纪

在 14 世纪，葡萄酒贸易一直是拉罗谢尔最主要的活动。每年，45 000 桶葡萄酒向着北部港口出发。泽兰人[17]是圣东日和雷岛[18]（Île de Ré）出产的葡萄酒的第一批买主，他们在出口方面与弗拉芒人、英国人、荷兰人、德国人甚至是维京人后裔的斯堪的纳维亚人相互较量。拉罗谢尔与其他港口城市如波尔多和南特 (Nantes) 一样，懂得如何迎接外国人，并且让他们随着时日融入当地社会。

驶向英国和爱尔兰的第一个著名白酒船队要追溯到 1559 年，它正是来自于拉罗谢尔。被课以重税并与波尔多葡萄酒竞争的欧尼葡萄酒——“绍谢”（chauché）——被蒸馏成白兰地酒。

以航海建设而闻名的罗什福尔 (Rochefort)[19] 同样进行贸易活动，托奈夏朗德（Tonnay-Charente）在其发展中起到了补充作用。

拉罗谢尔的船商们鼓励并带领圣东日的水手们参与邻港波尔多的葡萄酒交易。

17 世纪

荷兰人起先定居在夏朗德港口，从 1550 年起又转移到内陆，在整个 17 世纪，他们因为生产白酒而占据主导地位。拉罗谢尔变成了一座新教城市。

白兰地一跃而起。夏朗德河的河口幸福地收集起经过双重蒸馏的白酒产品，它们来自科涅克、昂古莱姆 (Angoulême) 所在的两个省份[20]。人们在拉罗谢尔装船欧尼出产的葡萄酒，在托奈夏朗德装船圣东日出产的葡萄酒，圣东日因此在 17 世纪成为了专门指代白兰地的港口。夏朗德的驳船与远洋船只在这里汇聚。直至 20 世纪，在托奈装载的白酒一直以高品质而著称。

拉罗谢尔的贸易活动在 1763 年走向衰落，这是因为法国失去了路易斯安娜州和加拿大，它们曾经是拉罗谢尔港口最重要的贸易伙伴。真正意义上的葡萄种植活动完全消失了，让位给了那些财大气粗的邻居们：波尔多与南特。

[21] 即现在的南特。

[22] 南特这个名称是源自于纳姆奈特（Nemnètes），它在罗马帝国攻占高卢之前是布列塔尼地区的一个部落。

南特，卢瓦尔河的门户：在天地之间

从古代至中世纪

在公元 2 世纪，纳姆涅敦港口（Portus Namnetum）[21]，又名纳姆奈特[22](Namnètes)，是一个占据河湾北部的部落。它是一个中转站，运送铁、锡和意大利葡萄酒。南特地处卢瓦尔河湾的尽头，在中世纪时连接起许多小港口，比如科尔德迈 (Cordemais) 和卢瓦尔河畔拉沃 (Lavau-sur-Loire)。这座城市必须保护自己的贸易，对抗同为港口城市的圣马洛 (Saint-Malo) 和后起之秀洛里昂 (Lorient)。

南特的港口都不在市里，最重要的是两种航运方式：一种是海运，朝向大海；另一种是河运，朝向昂热 (Angers) 区和陆地上的卢瓦尔河。

在 10 世纪初期，那时的贸易仅限于一些装载着食盐和些许葡萄酒的渔船。港口在 11 世纪到 12 世纪发展起来。葡萄酒交易在秋季降临到卢瓦尔河，在初冬到达南特，那个时候的布列塔尼首府。南特的港口传统因为卢瓦尔河地区的葡萄酒而闻名遐迩。因为如果说有一条河流与葡萄酒经历了长期的爱情史，那么这条河正是卢瓦尔河。它天生具有双重功能：在布衣 (Pouilly) 生产了圣普尔森葡萄酒 (Saint-Pourçain)，在南特生产了宝利 (Pouilly) 葡萄酒。这样双向发货和运输的便利一直持续到 19 世纪末期。

因为河道在奥尔良的转弯以及地处盆地的水文地理状况，卢瓦

河景，远处是南特港，朗贝尔·杜麦尔（Lambert Doomer, 1624—1700）作。

尔河可以连接起相隔非常遥远的地区。卢瓦尔河短期内可以从两个方向服务于巴黎，一举成为法国河运贸易的大动脉。

卢瓦尔河及其贸易往来从未有过如此这般长达 8 个世纪的辉煌，始于卡佩王朝直至法国大革命。不同葡萄园的葡萄酒走遍了这条河流：勃艮第、奥弗涅 (Auvergne)、奥尔良、都兰（ Touraine ）和安茹[23]。

昂热葡萄园不断扩大，诺曼底人和布列塔尼人都来到此地储粮。昂热港口因而保证了向海外的出口。葡萄酒运输在几世纪以来成为了卢瓦尔航运中的最主要活动。从 13 世纪开始，各种船夫组织就联合起来，组成了商人联盟 (Communauté des Marchands)。

[23] 安茹（Anjou），昂热（Angers）的古名。是法国旧制度下的行省，它除了东部和北部被削去一小部分外，大致对应于现在的曼恩—卢瓦尔省。

14 世纪至 17 世纪

从 14 世纪开始，北欧人对法国的盐制品非常感兴趣，他们最理想的交换货品就是来自波罗的海的谷物和森林作物。他们对南特南

部的布尔讷夫湾 (Baie de Bourgneuf) 的兴趣超过了对欧尼和圣东日的兴趣，食盐与桶装葡萄酒的紧密联系与日俱增。南特，这个欧洲的近海运输港口，促进了地中海产品（桔子，葡萄酒）和北欧产品（鲱鱼）的交换。

荷兰人拥有了一块迅速融入南特社会的殖民地。他们因而控制了包括葡萄酒在内的出口贸易。他们买进葡萄酒园，控制了信贷，并且成为了交易的主人、大海上的货船和渡轮。直至今日，在菲多岛 (île de Feydeau) 上还有一块像船首一样的地方被人们叫做“小荷兰”。

黎塞留[24]（Richelieu）对欧洲的所有海域都很感兴趣，特别是北海。在重建交换贸易方面，北海对于诸如葡萄酒和食盐这样分量沉重的产品都非常重要，

黎世留更偏爱鼓励那些“强壮骁勇的船员们，他们被海水和卷发骑士们的酒瓶所喂养”！在 17 世纪，克来拉（Cleira）在他的著作《海上风俗与习惯》(*Us et coutumes de la mer*) 中也作出了类似的阐述，他回忆法国的航海官员们：“（他们）更愿意喝空酒瓶、吮吸生命之水……而不是去操纵星盘、刻度盘和测量弩。”

在 17 世纪末，那些卢瓦尔河上的水路运输者人数众多，尽管河上困难重重：因为缺少风，在卢瓦尔河上航行困难；必须经常带着必备的拖船，因为这些河道或由于干燥或由于冰冻而不易航行；必须优先让那些新鲜食物通过，如鱼、水果，它们在船闸处还要享有优先权！

因此，过去的运输时段是有限的：从 2 月份葡萄收获季末期开始，有时一直持续到 6 月底。葡萄酒会因为滞留时间加长而变质。船员们有权享用自己的船货。

第一批从卢瓦尔河顺流而下入海的葡萄酒是索米尔 (Saumur) 和昂热 (Angers) 葡萄酒，在冬季和春季，是奥尔良、桑塞尔、圣普尔森葡萄酒，有时还有勃纳（Beaune）葡萄酒。一旦运输完成，船只经常会被卖掉，这是因为缺少回程船费，或者很难从南特逆流而上返回的缘故。于是船只会被“撕裂”，变成取暖木材。

[24] 黎塞留（1585—1642）法国宰相，枢机主教，政治家。

大约在 1670 年，南特人在黑奴贸易之前，率先开通了安的列斯群岛航线。蔗糖伴随着巧克力和咖啡这些充满异域风情的上流社会消费品而到来，葡萄酒则踏上了安的列斯群岛的土地。这些异域地区提供了宗主国所匮乏的食品，并且只依靠着宗主国生产和补给的食物过活。

这样的跨大西洋贸易给南特港带来了第二生命，它的运输范围从欧洲扩展到其他大洲。如果在从前，“逆流而上”，人们可以找到鲱鱼、鲜鱼和盖朗德 (Guérande) 的盐。从这一时期开始，由于殖民地贸易在安的列斯群岛的开展，在以前的食物基础上还要加入岛上的废糖蜜和朗姆酒。

18 世纪

18 世纪初，葡萄酒、食盐和殖民地食品在南特找到了一个巨大的市场。它们从南特再转运到法国其他港口和荷兰、西班牙的港口。

像其他港口城市如波尔多和鲁昂 (Rouen) 一样，南特成为法兰西王朝中人口最为众多的城市之一。南特的人口在一个世纪内翻了

科尔赛（Corsept）的草原和沼泽地，八月的卢瓦尔河河口，查尔勒·勒鲁（Charles Leroux，1814—1895）作。

一番，在 18 世纪末期居民人数达到了 80 000。1709 年，霜冻摧毁了南特的葡萄园，于是这里用勃艮第葡萄品种，即被称作“香瓜”的白贝露进行了重新种植，产出了密斯卡黛 (Muscadet) 白葡萄酒。

与大多数港口一样，南特港在这个世纪达到巅峰。丰富的历史收获了如此成果，每年中转于此地的船只达到了 2 000 艘以上。

从 1730 年开始，南特成为了法国贩卖黑奴的最大港口，仅次于国外的布理斯托尔 (Bristol) 和利物浦。许多船只将白酒运往非洲，用本地的食品交换那些被安的列斯殖民地抛弃的奴隶，然后再回到南特：这是一个三角关系体系。船商们拥有奢华的宅邸和被葡萄园环绕的乡间别墅。他们用劣质葡萄酒产出劣质的白酒，在换取乌木的时候，船商们可以毫无成本地用这种酒和其他劣质食品来招待那些黑人国王。这些交换让船长和船商们赚得盘满钵满！1721 年，据统计，一共有不下 2 000 只贩卖黑奴的船只。

人们向安的列斯群岛交换工具、（来自印度的）布料、白酒、鳕鱼和咸牛肉；向非洲交换武器、染液、布匹、油漆、瓷器和小贝壳，从岛上带回来的则是蔗糖、咖啡、烟草和靛蓝染料。驳船保证了在潘伯夫 (Paimbeuf) 和南特之间的贸易往来。这些平底小艇很容易在时常拥挤着外国卸载船只的河湾与河道上操纵，人们习惯从这些船上扔下石头，再装载上盖朗德的食盐和南特的葡萄酒与白酒。

1789 年，法国大革命的爆发及随后的封锁关闭了外国市场，这时殖民地的产品正为南特、拉罗谢尔和波尔多聚敛财富。旺岱战争阻碍了港口活动的发展。

殖民地产品为不计其数的批发商们创造了财富。约瑟夫·德拉赛勒肖像（Joseph Delaselle, 1768—?），南特的批发商兼船商，让·朗克（Jean Ranc, 1674—1735）作。

19 世纪至 21 世纪

1863 年，蔗糖贸易占到了航海贸易额的 50％。南特，这个外国制糖业的第一大市场收购了许多冰糖，用于在气泡葡萄酒中加糖。

蔗糖比葡萄酒更能标志南特，这与波尔多的情况刚好相反。的

确，过去几个世纪的葡萄酒的质量差强人意（密斯卡黛、昂热），这或许能够为此作出一个解释。20世纪，城市从河流，这一在儒勒·凡尔纳时代最重要的交通方式上转向，港口活动转移到了圣纳泽尔。

在21世纪，葡萄酒在南特—圣纳泽尔这一组合港口的运输量一直很小，只有不到20 000吨（尤其是从西班牙、意大利和葡萄牙的进口量很小）。自治港的产品销售指南仍然在显要位置提到葡萄酒，因为它是这一地区的特产，昔日财富的源泉。在这个世纪，作为运输者的卢瓦尔河消逝了，而作为葡萄酒制造者的卢瓦尔河却经历了非常美好的时光，因为各种特权都赋予了拉伯雷笔下的“九月琼浆”[25]。这位伟大的人物赞美欢乐的葡萄园，他是卢瓦尔河畔的英雄。这条美丽的河流以各种各样的活动歌唱着葡萄酒和它的文化。

[25]拉伯雷，文艺复兴时期法国最重要的文学家。在其著作《巨人传》中，拉伯雷称葡萄酒为“九月琼浆”。

巴黎，二十个港口的首都

直到20世纪中叶，巴黎一直是法国葡萄种植业的主要销售市场。葡萄酒在强调安全性的巴黎贸易中占有非常重要的地位。几个世纪中，水路看起来是最安全、最快捷也是费用最低廉的方式，而葡萄酒运输一直是一场历险。从生产到消费，这一漫长而昂贵的过程会对葡萄酒桶造成许多损失风险：盗窃、压碎、渗漏以及轮箍松懈。

公元629年，法兰克国王达戈贝尔(Dagobert)规定水上的巴黎商人要负责运送南方的葡萄酒。路易六世延续了这一活动，并向每条在收获时节到达的葡萄酒船只索取60索尔的税费。在菲利普·奥古斯丁时期，1192年，巴黎商人们被批准新建一个可以定居的卸货港口——格雷沃(Grèves)，并且能够买到在码头的销售垄断。那些带来葡萄酒的人如果不是巴黎商人就不可以卸载。

在格雷沃港口，一经卸载，人们就会将葡萄酒运送到尚伯(Champeaux)的食品市场。从1413年起，这个市场就因为建设雷达普格雷沃(l'étape de la Grèves)港口而被遗弃。这个港口有两个浮码头，一个是“法国”港口，专运法兰西岛和香槟区的白葡萄酒或淡红葡萄酒；另一个是“外国”葡萄酒码头，专运勃艮第的葡萄酒，它们来自一个与巴黎最经常敌对的公爵领地。

15世纪初期，巴黎人（大约200 000人）每天消耗相当于700木桶的葡萄酒。质量平庸的陆路和首都狭窄的街道使得水路成为运输的核心干道。

直到16世纪末期，财政大臣苏利制定了一个庞大的修建运河计划，运河网可以将地中海与大西洋、拉芒什海峡和北海相连接。为了改善巴黎的粮食、葡萄酒和木材供应，布里亚尔(Briare)运河从1604年开凿，1642年竣工。它聚合了两个水文流域：朝向大西洋的

布里亚尔运河，又名巴黎食品储备的再分配。油画，伊波里特·玛尔戈泰（Hippolyte Margotte，1848—1887）作。

卢瓦尔河谷地，和面向拉芒什海峡的塞纳河流域。

不同类型的船只经常往来于布里亚尔运河之上，有运输葡萄酒的军舰，运输易变质食品的有顶篷的船舱和船舶，运送活鱼的摇摆船，运送游客的马拉驳船，后者当然享有绝对的优先权。

人口众多、渴求财富的巴黎人通过这些崭新的运河为自己供给粮食。民众的消费大幅膨胀。巴黎商人们觉得有必要从20个港口以外的地方获取葡萄酒。这一合法的需求促使他们去勘察附近的葡萄园，寻找一个通过水路，这个最经济最安全的方式容易到达的地方。卢瓦尔河谷满足了这个条件。这个新的“流通地”史无前例地促进了卢瓦尔地区葡萄园的扩张，其中包括奥尔良葡萄园，特别值得一提的还有布卢瓦（Blois）葡萄园，它曾因为需求量不高而衰败。

在17世纪中叶，巴黎拥有20个港口，有些是以水上驳船为游客服务的，有些是给包括葡萄酒商在内的商人使用的，还有一些是混合港口。

葡萄酒运输集中在塞纳河的右岸，其中包括：拉贝(Râpée)港口，它在收到换船的细节安排之前负责管理葡萄酒船只；圣保罗港口是一个混合游客和商人的港口，运送勃艮第、香槟区、奥维涅(Auvergne)、南方的葡萄酒，以及甜酒和白酒；卢浮宫脚下的圣尼古拉港口则负责运送来自西班牙和朗格多克(Languedoc)的葡萄酒。

在塞纳河左岸，最重要的港口有：圣伯纳(Saint-Bernard)港口，负责供应以勃艮第葡萄酒为主的葡萄酒市场；德拉托内尔港口(port de la Tournelle)，负责最负盛名的桑塞尔、勃艮第和奥维涅葡萄酒。

由于受到巴黎的重视，卢瓦尔的葡萄酒被区分为“面向大海的葡萄酒”和“面向巴黎的葡萄酒”，前者是指那些最昂贵的、可以承受安格朗德(Ingrandes)港口高额税费的葡萄酒，后者则是指那些更为普通的葡萄酒。这样做的一个结果就是，包括布里亚尔在内的运河打破了各地区之间的闭塞，断绝了闭关自守的状态，引领当地经济转向了更为专业化的方向。于是，法国的北部和西部为了南方的发展而放弃了葡萄种植。

奥尔良港每年拥有 200 000 吨交易量，它一度扮演了与巴黎港口相当的角色。这个作为河道结点的城市在 18 世纪时是法兰西王国最大的 12 个城市之一。到达首都的葡萄酒的数量促使商人们启动一些预防措施。所有合法进入的大酒桶都要用一个箍桶匠的小工具作上标记。

1808 年 3 月 26 日，拿破仑下令在圣维克多 (Saint-Victor) 旧址兴建一个新的葡萄酒市场。它的成立标志着贝尔西（Bercy) 的回击和崛起，1819 年在路易男爵的命令下组建了它的原始葡萄酒酒库。

1840 年的一场大火促成了贝尔西市场的重建，它迅速成为首都巴黎塞纳河畔的第一大葡萄酒仓库。因此，在 1860 年，贝尔西成为了法国第一大河港。

从 1913 年起，为了巴黎上游和下游港口的利益，河上贸易垮台了。随后，由于铁路的出现，河道又遭受到卡车运输的强有力竞争，这种运输能够更方便且快捷地将葡萄酒从起点运往目的地。

鲁昂，塞纳河的大门

中世纪

1294 年，美男子菲利普在鲁昂设立了第一个法国海军兵工厂“战船之园” (Clos des Galées)。城市的地理位置使得这个（像波尔多、南特、汉堡一样）同时是海湾和河湾的港口成为了一个实实在在的中转港。鲁昂，这个法兰西王国最大市场的大门，一直是巴黎和巴黎盆地的最近入海口，因而把守了战略地理要冲。

在大海的怒潮和酒馆的谈笑声中，(根据已知的词源之一) 在中世纪的鲁昂出现了一个与酒有关的表达，“如音出牧笛般畅饮” (boire à tire-larigot)，即喝很多酒，特别多酒。里高（Rigault）主教给大教堂捐赠了一口大钟，这口钟就叫做里高钟(Rigaude)！那些敲钟人因为用尽力气而口渴难耐，于是他们借自己的这一庄严职能，要求要像里高钟传音般畅饮（boire à la rigaude)。

14 世纪到 16 世纪

14 世纪末期，鲁昂已经进口卡斯蒂伊(Castille)葡萄酒。这座城市在大海和首都之间占据了一个独特的中间位置：它在 15 世纪到 16 世纪控制了海上的港口，而塞纳河是它的主要运输航道。

在 15 世纪，小麦、葡萄酒和手工产品向国外出口。这里有法兰西岛的葡萄酒，以及从维农（Vernon)、瓦塞勒(Oissel)、弗勒内兹（Freneuse)、安茹、勃艮第、朗格多克的山坡酿造出的葡萄酒。除此之外，还要算上作为回程船货的来自巴约纳(Bayonne)、波尔多、拉罗谢尔、圣让当热利(Saint-Jean d' Angély)的葡萄酒，这些葡萄酒在到达英国的屯卡特(Dunegat)之前都要进驻鲁昂港口。

诺曼底的瑞米耶日（Jumièges）修道院开发了自己的柯尼屋（Conihout）葡萄园，并且向弗朗德和英格兰的客人们运送酒桶和（多于 400 升的大容量）大酒桶。在下瑞米耶日梅斯尼勒(Mesnil-sous-Jumièges)，查理七世最钟情的情妇阿涅·索雷尔（Agnès Sorel)的庄园里葡萄遍野，皇家最喜爱的葡萄酒就产自这里。

1541 年，弗朗索瓦一世建立了勒阿弗尔港口，后来成为了鲁昂的前港。它们通过平地船或小型河道帆船连通在一起，这些小船的载重量是 10 ~ 200 木桶。在诺曼底还是公爵领地时，鲁昂非常活跃，用葡萄酒在内的农产品来交换从北欧地

鲁昂的商贸码头，让·巴蒂斯特·卡米尔·柯罗（Jean—Baptiste Camille Corot, 1796—1875）作。

勒阿弗尔港口入口，让-安托尼·泰奥多尔居丹(Jean Antoine Théo-dore de Gudin, 1802—1880)(男爵)作。

区而来的鲸油和各种鱼类。

鲁昂从中世纪开始便经历了漫长的收集农产品的时代。同样，在16世纪，巴黎重要的葡萄酒商向荷兰和北欧强国运送许多桶来自奥尔良、法兰克（现在的法兰西岛）的葡萄酒。直至葡萄疾病根瘤蚜爆发之前，阿让特伊（Argenteuil)[26]都是法国最大的葡萄种植市。

鲁昂的船只一直沿塞纳河逆流而上至蒙特罗(Montereau)，箍桶匠们在回程时会重新箍好酒桶，或者以旧换新，因为这些酒桶经常因为中转或旅途中的突发事件而遭到损坏。

[26] 阿让特伊，Argenteuil，法国巴黎盆地中城市，属瓦勒德瓦兹省。在巴黎西北、塞纳河河曲的右岸。

17 世纪

鲁昂，和费康（Fécamp）[27]、迪耶普（Dieppe）[28]这两个港口一样，可以将来自波尔多或贝阿恩（Béarn）[29]的葡萄酒重新运送到更北部的港口。庇卡底（Picardie) 地区[30]在 17 世纪 30 年代是第二大波尔多葡萄酒出口地区。

此时另一个进步的标志就是，船只可以直接在码头上卸货。

18 世纪

在三角贸易时期，船只给移居到殖民地的殖民者带来一些必需品，以满足它们的液体（葡萄酒）和固体（小麦）消费。驶向非洲的船只取道葡萄牙，带着“贩卖货物”来到非洲海岸进行交换：工具、五金制品、布匹、彩色玻璃制品以及白酒。葡萄酒一直是供官员和移殖民个人消费的。

1728 年，因为 5 月 25 日的一项决议，皇家政府确认必须以 50 瓶或 100 瓶容量的篮子将香槟区的葡萄酒运往鲁昂、卡昂（Caen）[31]、迪耶普和勒阿弗尔，因为用玻璃瓶来运输葡萄酒是被禁止的。

葡萄酒贸易在圣热尔韦（Saint-Gervais）盆地开展起来。在建立葡萄酒酒库之前，酒商的贮藏室一部分于 1782 年建成，另一部分则位于一条可以储存葡萄酒桶的小街上。

19 世纪至 20 世纪

需求的快速增长致使酒商们要求为酒桶的装卸建造更大的空间。在 20 世纪初，鲁昂增加了阿尔及利亚葡萄酒的进口量。对于这个港口的天赐美味，古农斯基（Curnonsky）[32]提出了一个诙谐的问题，

[27] 费康，Fécamp，法国港市。位于北部，临拉芒什海峡（英吉利海峡），在勒阿弗尔港东北。

[28] 迪耶普，Dieppe，位于法国北部沿海，濒临英吉利海峡的东南侧。原系一个小镇，是最早的英吉利海峡轮渡港口，现已发展为英国北部的海港之一。

[29] 贝阿恩，Béarn，法国西南部比利牛斯山脚下的一个法国旧省。

[30] 庇卡底，Picardie，法国北部的一个大区，下设省份包括：埃纳省（Aisne，省会拉昂）、瓦兹省（Oise，省会博韦）、索姆省（Somme，省会亚眠）。

[31] 卡昂，Caen，位于法国北部，距离英吉利海峡约 10 公里，是下诺曼底大区和卡尔瓦多斯省的首府。

[32] 古农斯基，Curnonsky，法国著名美食家，被誉为“美食王子”。

但还好现在看来这个问题已经过时了："没有阿尔及利亚的葡萄酒，我们用什么来酿造博若莱 (Beaujolais) 葡萄酒呢？"

葡萄酒和其他食品贸易的消失，以及之后的阿尔及利亚独立，这些都导致了 1885 年圣热尔韦上游的开放区域被遗弃。只有一些船只被保留下来，进口葡萄牙产的波尔图甜葡萄酒，这种酒最受酿酒业欢迎。

葡萄酒在鲁昂一直是重要的船货。在 19 世纪，波尔多葡萄酒代替了由塞纳河运来的法兰西岛葡萄酒和勃艮第葡萄酒。在根瘤蚜疾病引起的停暂之后，阿尔及利亚葡萄酒取而代之。从 1910 年开始，布朗热 (Boulage) 码头允许将酒桶滚动运输到位于饮料交易集市的尽头，那里有葡萄酒商们的酒库。1934 年，法国和阿尔及利亚的仓储公司在建立利勒博纳 (Lillebonne) 街的同时，开发了第一个储存散装葡萄酒的酒库。这个酒库装备着一个水泵，它可以在酒库和散装酒船之间倾倒葡萄酒，巴库斯号和萨赫勒号散装酒船都停泊在圣热尔

鲁昂的布瓦尔迪厄桥 (Boïeldieu)，夕阳西下，雾气蒙蒙，卡米尔·毕沙罗（1830—1903）作。

韦盆地。20年的时间里，酒库的库存量翻了3番（达到230万升）。

在这个盆地，每4～5年就会举办一次全世界帆船大集会。鲁昂因此显示出自己的海洋身份。

[33] 利古里亚，意大利西北部和法国东南部的古民族名。

马赛，地中海的大门

从古代到中世纪

大约在公元前600年的时候，福塞地区(Phocée)的希腊殖民地的水手和商人们在高卢南部的一个狭海湾定居。这个被命名为“雷斯顿”(Lacydon)的天然地点成为了城市的发祥地，即如今的马赛旧港(Vieux-Port)。这些水手和商人们种植了最初的葡萄树——这是未来葡萄园的雏形——并向内陆人民和凯尔特—利古里亚人[33]学习了如何整理枝条。

公元前7世纪末的双耳尖底瓮。

福塞人主宰着马赛的命运，他们在这里建立起一个商人同盟。于是海上贸易诞生了，其中包括葡萄酒、橄榄油以及赶超大麦的小麦，地中海的三个明星食品。

第一批非法商人实际上繁荣了那个地区的人口，即未来的“马西利亚”地区。双耳尖底酒瓮和酒壶被用于交换制造青铜所需的金属。通过船只，伊特鲁里亚人的葡萄酒被出口到高卢和法国，然后储存在陀螺形状的小型双耳尖底酒瓮里。

希腊的葡萄酒酒瓮很快从海路到达马赛，而它的传播也越来越重要。实际上这符合人们满足新需求的愿望。马西利亚的希腊人对于葡萄酒和橄榄油有很大的需求，这使港口活动迅速发展，高卢的第一个葡萄园由此在马赛周边诞生。它即将在罗马统治的400年内经历空前的繁荣盛况。

大约在公元前200年，罗马战胜迦太基后得了制海权，意大利的葡萄酒随之淹没了地中海市场。

因为更北部的利古里亚部落之间的敌对，葡萄园一直生长在沿海地带，然后一点点向着普罗旺斯的海岸延伸，后来效法罗马军团一直发展到罗纳河谷地。

从7世纪末期开始，伊特鲁里亚向南部高卢出口了大量的葡

马赛港入口，约瑟夫·维尔奈（1714—1789）作。

萄酒。另外，法国南部的高卢海岸那时完全被希腊的黑陶瓶残片和运输器皿双耳尖底酒瓮的残片所覆盖。古罗马城堡圣布莱斯 (Saint-Blaise) 控制了马赛大区和拉戴斯 (Lattès) 的朗格多克种植区之间的通道，并且在两地运输了大量的葡萄酒。

海底考古让我们对马萨里亚人的贸易有更多了解。在海底发现的遗迹，即那些带有或不带有货品的遇难船只残骸所组成的证据在一定程度上显示出当时的贸易道路、所交换的食品、航海建筑，并且这一历史时期是可以精细推定年代的。在这些最经常参与贸易交换的食品中就包括了通过双耳尖底酒瓮运输的葡萄酒。

从 7 世纪末期开始，托斯卡纳 (Toscane) 的葡萄酒贸易以其衍生工业超越了普罗旺斯，比如制作酒瓮的门房和制造桌上餐具的作坊 。

经常伴随着葡萄酒一同出口的还有黑陶器以及宴会上必不可少的青铜器皿，它们的供应都来自法国南部海岸伊特鲁里亚的作坊。葡萄酒在船舶中供大家选用，这些船只都来自坐落在马赛和土伦之间的小港口。除了这些产自卡西斯（Cassis）、拉西欧塔 (La Ciotat)、班多勒（Bandol）和桑那利 (Sanary) 葡萄园的海滨葡萄酒，船上还装载着白酒和葡萄果枝（sarment）[34]。

[34] 一年里生长的葡萄树枝，剪枝后被收集起来。在波尔多它们被用来烤肉。（经典菜肴：葡萄枝烤肋排）。它们也可以被埋在葡萄树周围作为有机肥料，或者被弄碎后焚烧。

18 世纪到 21 世纪

在 18 世纪，大量依赖于农村经济的港口以葡萄生产、葡萄收获为生活节奏，农民要缴纳沉重的赋税。马赛承担起包括葡萄酒在内的一切事务，与更强大的土伦市场竞争抗衡。

在 19 世纪中叶，马赛人将朗格多克和普罗旺斯的葡萄酒运往阿尔及利亚，一直持续到 19 世纪 60 年代，这时的贸易交换达到了一个新的规模。在 20 世纪 50 年代，阿尔及利亚的葡萄酒重新返回到马赛港，这个葡萄种植业的十字路口，为的是更好地调配混合葡萄酒！

马赛港内景，约瑟夫·维尔奈（1714—1789）作。

1992年，在马赛的儒勒凡尔纳广场，挖掘工作得以让那些曾经装载葡萄酒的船体残骸重见天日。这些是出口的马萨利亚葡萄酒呢，还是进口的希腊葡萄酒呢？

尽管马赛港是法国葡萄酒酿造业的摇篮，但在阅读过它与酒有关的商业历史之后人们会发现，这个港口远远没有其他同类港口如波尔多或南特那样引起过如此强烈的关注。如今，那些小咖啡馆和其他的鲜鱼餐馆欣欣向荣地开遍马赛旧港，沉浸在普罗旺斯玫瑰红葡萄酒杯盏的叮咚声中，缅怀着第一批来到此地的腓尼基人，向着大海传递给我们的千年文化致以深远的敬意。

塞特(Sète)和纳博讷(Narbonnaise)地区

从古代到16世纪

我们不可能将塞特从纳博讷地区分离。这个葡萄产区在连接意大利和西班牙的多米亚大道(Via Domitia)[35]上大面积发展起来，与意大利葡萄园形成了强有力的竞争。多米提安皇帝[36]在公元92年时下令拔出种植在纳博讷地区的一半面积的葡萄树，认为这样有利于亚平宁半岛葡萄酒的发展。罗马皇帝普罗布斯在公元270年废除

[35] 高卢第一条罗马之路多米亚大道（Via Domitia）上，当时是作为殖民地而成立，将意大利和西班牙连接起来。

[36] 多米提安，即图密善（拉丁：Titus Flavius Domitianus，英：Domitian，公元51年10月24日至公元96年9月18日）罗马帝国皇帝。

了这项法令。

位于托湖 (étang de Thau)，这个真正面积只有 7 500 公顷的小海域的海湾处，塞特港在中世纪的名字是塞塔 (Céta)。从 1596 年开始，蒙莫朗西公爵开始在塞特进行整治港口的工程。这个计划曾一度中断，又在几年之后重新开始。

多米提安皇帝，多米尼科·费蒂（Domenico Feti，1589—1624）作。

17 世纪

工程师科列维尔 (Cleville) 和皮埃尔·保罗·里概 (Pierre Paul Riquct) 选择此地作为连接两个海域的运河出口。这促进了这个小村庄的快速发展。1666 年，路易十四签署了皇家诏书，批准皮埃尔·保罗·里概（1604—1680）建立朗格多克皇家运河，这条运河在大革命时期被改名为南方运河。

这条通路实现了设计师的梦想：那就是连接“大西洋和地中海两片海域”。它开拓了经济视野，使作物的运输更加便捷——特别是在饥荒时期——便于各省份的葡萄酒运输。避开了直布罗陀海峡的航道，因此节省了时间，保证了安全，挫败了海盗，避开了暴风雨以及不安全航线的种种不测风云。

朗格多克的葡萄园的规模一直很小，这是因为在此地进行贸易极其困难：道路不安全，碎石路很多，只能把马匹当作运输工具。因此，葡萄种植者们一直都是这一运河计划最热切的拥护者。

1681 年 5 月 15 日，运河通航了，巨大的工地终于在 15 年的工程之后结束了自己的使命。5 月 18 日，圣巴浦尔 (Saint-Papoul) 主教把对运河河水的赐福（我们已经在这本书的其他篇章提到了与船只受洗有关的大海受洗仪式）献给了装载着包括葡萄酒在内的各种商品的船只，它们即将驶向博凯尔 (Bocaire) 和其他集市。绰号“朗格多克的摩西”的皮埃尔·保罗·里概在六个月前去世了，没能亲眼看到自己的作品竣工。

罗马之路的修缮，以及皇家工厂呢绒织造业的健康发展都促进了地区经济的进步，并且对葡萄种植业形成了新的推动力。16世纪开始，葡萄酒和白酒的产量开始增长，受惠于新的地面运输设施，产品的出口形成了塞特港发展的暂时的良好局面。

但是运河也引发了一些纠纷：勃艮第人用凶恶的眼睛盯着这些在巴黎贸易中分得一杯羹的新来客们；波尔多人采取很多措施试图关闭朗格多克葡萄酒向英国的出口通道，波尔多市从16世纪初以来逐渐在与英国的商谈中失宠。

朗格多克葡萄酒于是在塞特看到了一个真正可以进行出口贸易的港口，外国船只来到这里购买和储备食品，但是不幸的是，它们在回程时必须要经过直布罗陀海峡，而人们当初设想建立运河就是为了最终可以让过往的船只避开这个海峡。

皮埃尔·保罗·里盖，工程师，两海间运河（南方运河）的设计师（Pierre-Paul Riquet，1604—1680），弗罗伦·德拉马勒里查尔（Florent de La Mare-Richart）作。

1671年，热那亚船只来到塞特装载葡萄酒，这种有效的近海运输将新港口和意大利、西班牙、普罗旺斯连接在一起，但是地中海东岸地区却为了马赛人的利益向塞特港关闭了大门。塞特人直到17世纪都不能碰触大西洋。

在17世纪，葡萄树种植在一些干燥的山丘或高地上。用于家庭消费的葡萄酒在与谷物等农作物的农产品竞争中一直处于劣势，这是饥荒使然，然而在荷兰人的影响下，葡萄酒转变成了白酒，转变成了一种稳定且有利可图的产品！

塞特—波尔多航线走运河只需要15天，而途经直布罗陀海峡则需要至少60个日夜；许多葡萄产品都受惠于这条新的运输干道：白酒，本地甜酒比如塞特酒(l’eau de Cette)、桂皮酒、匈牙利酒和罗纳河谷葡萄酒。

17世纪末，因为塞特港最终整治完成，葡萄园继续繁荣发展。将近 10％的产品被送往大西洋。但是，纺织品在出口商品中所占的比重最大，超过了葡萄酒在内的农产品。

葡萄种植者们是这条运河最初的和最重要的使用者。从 1669 年起，伽亚克葡萄园主们每周 3 次将他们的酒桶通过水路运往东部。在 17 世纪和 18 世纪，葡萄产品以白酒的形式取道南部运河，运往波尔多和塞特港口。

18 世纪：白酒的伟大时代

北方的欧洲人（荷兰人、汉堡人、丹麦人）在塞特港囤积白酒，这里是朗格多克上游的主要仓库。这个多产的时代使得交换变得合法化：人们建立了朗格多克白酒的审查制度，进行了容器合理化改革，以及原产地认证 (Appellation d’origine certifiée)。

另外，罗纳河河畔塞特港口的建立促进了罗纳河谷贸易往来的飞速发展。这一地区大约一半的葡萄酒产品都用于与勃艮第和波尔多葡萄酒进行调配。

1709 年这个伟大的年份见证了大海对于葡萄种植业的恩惠。所有的葡萄树都被冻坏了，除了那些生长在海边的。于是，巴黎通过了 1710 年的两个诏令，降低了巴黎商人在南方葡萄酒贸易中所需支付的高额税金，促进了朗格多克葡萄酒的商业化发展：东部朗格多克葡萄

塞特港，约瑟夫·维尔奈（1714—1789）作。

[37] 多姆(Domme)、斯特伏瓦(Ste Foy)、蒙哈维尔(Montravel)、让萨克(Gensac)，这些种植区都在波尔多地区。

酒取道运河和罗纳河河谷；西部朗格多克葡萄酒先到达波尔多（它们终于被允许进驻波尔多港），然后通过大海到达南特，再通过卢瓦尔河抵达巴黎。

从 1720 年开始，去城市酒馆光顾的客人数量迅速增长，为了满足客人的需求，种植园的发展速度加快了，由于大海的直接原因，葡萄树被选择种植在港口周边和以前种植谷物的平原地带。

1776 年 4 月，杜格尔 (Turgot) 城堡因为一项皇家法令而建立起允许商品和葡萄酒在所有港口间自由流通贸易的制度：波尔多的垄断结束了。

河流和港口结构的整治自然而然地引起了一些产品的商业化发展：它们是高质量的葡萄酒和白酒。在南方运河规模扩大的同时，葡萄酒流通的种种障碍也随之消失了。

1778 年，巴兰维立叶（Ballainvilliers）的总督注意到出口量已经大大地超过了初始的预测。对葡萄酒贸易征收的赋税可以扩充法兰西王国的金库并且为运河的维护作出贡献。

这里有一份 1740 年在波尔多装载的葡萄酒的清单报表，它是以 900 升容量的酒桶为单位来计算的，在波尔多辖区的葡萄酒中，为外国、法国殖民地和本国内港口运送的葡萄酒总共达到 87 700 桶。其中，从 1739 年 10 月 1 日到 1740 年 9 月 30 日，朗格多克、艾米塔吉 (Hermitage)、凯尔西（Quercy）、卡奥尔 (Cahors)、高地 (Haut-Pays) 直至波尔多地区的葡萄酒分布情况如下所示：

地 区	向殖民地	向外国
朗格多克、艾米塔吉、凯尔西、卡奥尔	4 336 桶	1 430 桶
高地	1 619 桶	4 223 桶
多姆、斯特伏瓦、蒙哈维尔、让萨克[37]	597 桶	494 桶

共和国 2 年的一条法律给葡萄酒和蒸馏酒精饮料设置了一项税费，目的仍然是港口的维护。箍桶业，这个来自于葡萄产业的附属活动在托湖周边发展起来，并且在 19 世纪时使塞特市成为欧洲最大的箍桶港口。在欧洲大陆和仍然实行以货易货的非洲之间，从北欧和俄罗斯运来的木材在这个地区中转。周边的一些城市，如弗龙蒂尼昂（Frontignan）和梅兹（Mèze）都在港口的致富中受益。

19 世纪

1804 年，对葡萄酒的征税更加明确了。大陆的封锁对葡萄酒贸易的影响并不大，通过海路的出口仅占其贸易的 10%。路易·亚当 (Louis Adam) 改进了蒸馏器使其可以进行一次蒸馏。在拿破仑下台之后，塞特港迎来了和平期，白酒的出口额在 1818 年至 1844 年之间翻了 3 番，达到了 3 300 万桶。美国和安的列斯群岛都成为了塞特的顾客。

1848 年，是一个交替年份：朗格多克超过了纪龙德省，成为了葡萄酒第一大生产区，这都要感谢运河和大海！蒸汽航海的时代到来了，但是成本仍然居高不下，河道网也有自己的弱点：1837 年，勃艮第运河水流不足无法航行，200 艘船被迫阻塞。

国家将运河让与了私人部门，即南方铁路公司，它同时负责运河的开发和波尔多—塞特铁路线的建设。相对于水路，这个“跨国公司”更关心铁路的重建。河流贸易衰败了。葡萄园面积不断萎缩并且沉痛地遭受到了根瘤蚜疾病的侵袭，尽管使用了浸泡措施和具有拯救作用的砧木。

相反，在 19 世纪末期，根瘤蚜侵袭了贝济埃（Béziers）和纳博讷葡萄园之后，北非的移民由于害怕缺少葡萄酒而投入到葡萄种植业中。塞特从一个出口港变成了一个非常重要的、法国第五大进口

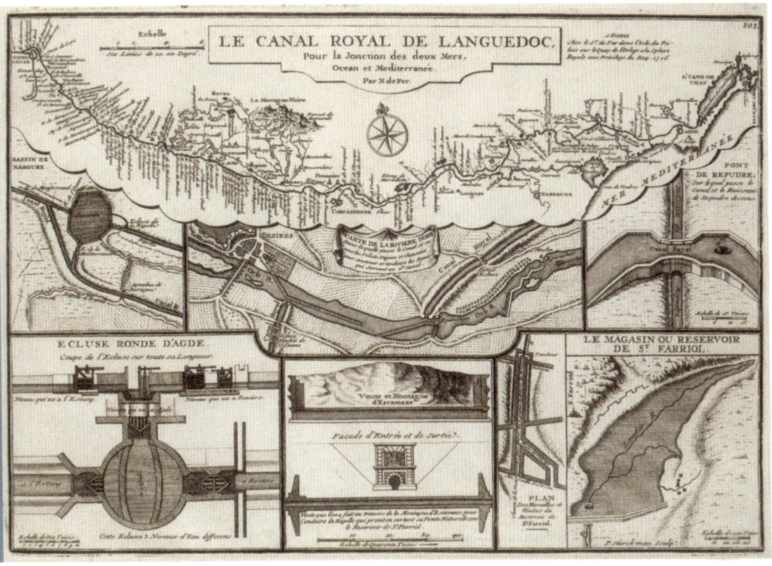

1716 年朗格多克运河草图，A. 高卡尔（A. Coquart）作。

港。那时的塞特市进口外国葡萄酒（阿尔及利亚），用葡萄干、蔗糖和其他在今天归为非法的技巧制造一些人工葡萄酒。

20 世纪至 21 世纪

所有的运输方式都有利于朗格多克的葡萄产品的出口，这里的产量达到了法国总产量的 40％。南方运河在 1914 年重新找到了自己的第二个青春。葡萄酒成为了法国士兵必不可少的伴侣。著名的皮纳尔 (Pinard) 将军因为没有罐车，所以坐船来为自己的部队鼓舞士气。

其他用于葡萄种植和酿酒业的产品也使用运河通道：箍桶业、木材和木桶、葡萄树的加工处理、硫磺、二硫化碳、铜碳酸盐、肥料、稻草和饲养马匹的饲料等。

20 世纪 30 年代的经济危机对河流运输业给予了沉重一击，特别是南方运河不接受重吨位驳船，而后者从经济角度考虑是必不可少

朗格多克葡萄园一隅，爱德华·代巴·博桑（Edouard Debat-Ponsan，1847—1913）作。

的。葡萄酒运输逐渐放弃了河道，液仓驳船（散装货物）、平底驳船（酒桶）逐渐被公路和铁路所取代。最后一批散装酒船，狄奥尼索斯号和巴库斯号在 1989 年终止了运输活动。

塞特长期被视为一个属于地中海东岸和北非国家的港口（相对于波尔多这个殖民地港口来说），它逐渐丰富起自己的活动，直至成为地中海地区最大的捕鱼港之一。与葡萄酒旅游有关的水上运动在 21 世纪激发了新的财富机遇。

塞特的新桥 (pont Neuf) 码头在今日仍然给人以“卖场”的形象，这样的卖场在整个 19 世纪都是为酒类交易而建立的。建筑中的一个内院由于一面向海岸、一面向街道开放，使得存在仓库中的葡萄酒能够得到很好的通风。

塞特除了在地中海的葡萄酒运输中发挥作用以外，南方运河及其沿岸港口都极大地影响了某些葡萄园的发展和消亡。

对于图卢兹，当地的葡萄酒质量一般，它在运河开通前不能够被运输。于是，图卢兹逐渐地看到朗格多克出产的葡萄酒被运送到自己的城市，在它的贸易和储备中占据了很大一部分比例。阿格德(Agde) 出口小麦，塞特出口葡萄酒。在 19 世纪，葡萄酒在图卢兹附近的东西贸易之间占据了最重要的地位。

卡斯特诺达丽 (Castelnaudary) 是图卢兹和大海之间的唯一一个大港口，它从运河通道中得到极大的实惠。葡萄园面积在几年的时间里（1789—1852）达到了 33％。卡斯特诺达丽成为了一个十字路口，向上下游同时运送木材，向上游运送葡萄酒，向下游运送小麦。

在卡尔卡松（Carcassonne），工业在与运河的接触中迅速壮大。从 1810 年港口开放的年份开始，卡尔卡松港向葡萄种植业和葡萄酿酒业开放：箍桶、蒸馏以及与葡萄文化相关的必要机械制造，如压榨机和铸造机的制造，这些都逐步开展并走向繁荣。

特雷布（Trèbe）、昂普斯（Homps）、萨莱勒多德（Sallèles d’Aude）、阿格德，只要大型酒桶通过运河在这些城市中转之后，它们就会变得生机勃勃。

葡萄酒运输在过去的几个世纪里积累了财富，而由于铁路和公路的竞争，运河在完成了运输葡萄酒的使命之后则转向了旅游业，这种旅游业特别受到欧洲北部国家如英国、瑞士、荷兰和德国人民的欢迎。运河从此成为了这项海上娱乐活动的载体，其他类似的运河还有阿尔萨斯省的布鲁什运河（Bruche），它曾经是当地葡萄种植和葡萄酒产业经济的运输工具，而今日则把精力放在发展鱼类养殖业了。

在水上，散装货船变成了“船屋”（house boats）。在陆地上，自行车

朗格多克葡萄酒与图卢兹地区的葡萄酒形成激烈的竞争。图卢兹全景（17 世纪）。

和其他环保代步工具代替了装载着大酒桶的双轮货运马车，而马车则用于与饮酒主题相关的远足出游中。

1973 年，在莱济尼昂（Lézignan）建成了一座葡萄和葡萄酒博物馆，它占用的是一些停靠在陆地上的巨轮；在萨莱勒的一个考古遗址附近，还有另外一座叫做陶器博物馆（Amphoralis），它是高卢罗马时期的一个双耳尖底瓮制造厂。

作为沟通世界上最广袤的葡萄园的一条主线，南方运河在 1997 年 4 月被联合国教科文组织列为世界遗产。

我们之前看到的波尔多是独一无二的：大型葡萄园、大港口、著名的葡萄酒，这个城市如今也被教科文组织列为世界遗产。

世界上大概只有一个港口能够和它媲美：波尔图（Porto），一个生产葡萄酒的港口和城市。

波尔图

里斯本在玩耍，科英布拉[38]在歌唱，布拉加[39]在祈祷，波尔图在工作。——葡萄牙谚语

根据希腊神话，卡拉（Cale）是一位追随伊阿宋寻找金羊毛的阿耳戈英雄，他来到杜罗河（Douro）河口建立了城市。但是这个地点并不太适合海上航行。罗马人将城市的位置改到杜罗河右岸，于是建造了一个港口，取名卡拉港（Portus Cale）。

因为这个小城市的迅速崛起，一个叫做葡萄牙（Portugal）的封建领地发展起来。卡斯蒂利亚王国的阿方索六世（Alphonse VI）将这个葡萄牙领地赐予了他的私生女特蕾莎（Thérèse），后者嫁给了勃艮第的亨利。他们的儿子，阿方索·亨利是葡萄牙的第一任统治者。

[38] 科英布拉，Coimbra，位于葡萄牙中部，蒙塔古河畔，距离大西洋 40 公里。地位仅次于首都里斯本和北部重镇波尔图。

[39] 布拉加，Braga，葡萄牙布拉加区的首府，葡萄牙最重要的城市之一。

阿耳戈英雄们的凯旋，居斯塔夫·莫罗（Gustave Moreau，1826-1898）作。

从15世纪起，人们便将杜罗河产区的葡萄酒运送到荷兰。这些葡萄酒通过河道从波尔图市通过杜罗河口出口到国外。在建立了海关登记制度之后，史上记载，在1678年第一次有葡萄酒正式从杜罗河入海口出发，被运往英国。1715年，出口量达到了8 000吨，在1703年签署了麦休恩条约[40]之后的几年内，这一数字达到了20 000桶。

在17世纪末和18世纪初，英国由于受到托利派保王党和议会的对抗影响而经历了一个混乱的时期。来自荷兰的纪尧姆三世（人称奥兰治的纪尧姆 Guillaume d'Orange）受到英国议会的支持，他在英国登陆后，赶走了当时在任的国王雅克二世，后者逃到了法国的路易十四身边。于是爆发了奥格斯堡战争（Augsbourg）[41]，法国的商品遭到封锁。英国人从此无法再享用著名的波尔多葡萄酒了。

葡萄牙在皮埃尔二世的统治下向英国靠拢。1703年，麦修恩条约推动了英国和葡萄牙之间的贸易往来。它标志着英国商业大霸主地位的开端，其中就包括了1694年由40个商人成立的英国银行。葡萄牙用葡萄酒交换英国的纺织品，得到英国的垂青。另外，葡萄牙葡萄酒在进入英国时的关税税额也得到了优惠：相比法国的葡萄酒每吨55英镑，它只需每吨7英镑……

于是在英国，葡萄酒的进口商决定加入一些白酒，让这种生涩的葡萄酒更加“强壮”，这一规则早已在航海者之中屡见不鲜了，这是为了更好地存放酒类并且避免葡萄酒变成食醋。

一个真正意义上的葡萄酒贸易中心在波尔图郊区发展起来，它坐落在加亚新城（Vila Nova de Gaïa），在杜罗河的右岸，很多平底大船（barcos rabelos）把来自各地葡萄园的葡萄酒酒桶运到这里。英国的商人们被冒险精神所鼓动，被葡萄牙的烈日、粗犷的风景、美味的葡萄酒和黑眼睛的女孩们所吸引，放弃了自己的岛屿来到波尔图

[40]1703年，英国与葡萄牙签订了麦修恩条约（Methuen Treaty）。该条约规定，以英国羊毛换取葡萄牙葡萄酒。

[41]奥格斯堡联盟战争是17世纪后期英国及其盟友与法国之间为争夺殖民利益、确定霸主地位而在欧洲大陆展开的一场争霸战争。

定居。他们为了统治这个新兴的葡萄牙葡萄酒市场，于是围绕着加亚新城建立了一个真正的不列颠殖民地。半个世纪以后，英国 75% 的进口葡萄酒都来自于葡萄牙。

上帝创造了大地，人类创造了杜罗河。——葡萄牙谚语

波尔图和波尔多，距离大洋只有 400 米，一个坐落在杜罗河河口，一个坐落在纪龙德河畔，它们的繁荣都得益于进口葡萄酒贸易，尤其是多年以来与大英帝国的贸易。

河流右岸的波尔图拥有 750 000 居民，这座“花岗石”城市一直是葡萄牙北部的第二大城市。加亚新城的码头位于河水另一岸，它们集中了波尔图最大的宅邸，这让人们联想到波尔多沙桐地区的那些码头。这两个城市，波尔图和加亚城，曾为大西洋的入海口而竞争，而如今这两个地方已经通过一些桥梁连接在一起了，这是拜埃菲尔[42](Eiffel)1877 年的天才设计所赐。

波尔图处在大西洋的背风处，层层铺叠在俯视河流的悬崖上，这条河流是一条真正意义上的经济命脉，连接起城市和处在极为上游地段的葡萄园。平底船（rabelos）停靠在码头上，它们是杜罗河上的传统小船，用于运送来自遥远的葡萄园的酒桶。

葡萄牙的第一个海上贸易伙伴是英国，它们在 20 世纪的见证者是那些电话亭和邮筒，它们红得……就像在伦敦一样。

人们懂得如何驯服杜罗河地区，这个也被人们称作“葡萄酒之国”（País Vinhateiro）的山区里到处都有被开垦的高地和梯田，俯瞰之下，景色壮观迷人，成片的葡萄园被橄

[42] 亚历山大·居斯塔夫·埃菲尔（1832—1923），法国埃菲尔铁塔的工程设计师。

葡萄酒的战争就是海军的战争。阿尔宾·海内·卢森男爵（Albin-Reine, baron Roussin, 1781—1854）：1840 年的海军司令，1840 年任法国国家海军和殖民地秘书部长，1831 年指挥法国远征里斯本，查理·菲利普·拉利维耶尔（Charles-Philippe Larivière,1798—1876）作。

玛利亚·皮亚（Maria Pia）大桥在杜罗河上开始组装，由埃菲尔公司在杜罗河地处拍摄。

榄树所环绕。

就在几年之前，这里冬天的温度还非常寒冷，夏季则炎热得如同地狱。如今的海洋气候却变得更加温暖和潮湿，这在很大程度上得益于杜罗河的水坝。这里的土质本来普遍呈片状，后来在山区慢慢被流水巨大的作用力而征服。

在D·若泽一世（D.José I）统治期间，第一首相、未来的彭波（Pombal）侯爵，塞巴斯蒂安·若泽·德·卡尔瓦略·伊·麦罗（Sebastião José de Carvalho e Melo）建立了世界上第一个划定范围，并被大众广泛认可的葡萄种植区，它受到1756年法律的保护并于1907年得到确认。这片壮观的种植园区沿着杜罗河河谷及其支流广袤地铺展开。

侯爵建立了上杜罗河葡萄酒总公司(Compagnie Générale des Vignes de Alto Douro)，目的是为了结束贸易危机和走私情况的发生（在产区之外与葡萄有关的混乱局面）。

1926年，加亚新城的仓库正式成为了生产区的海洋延伸带，比陆地上的占地面积更大。1933年，波尔图葡萄酒中心诞生，它具有贸易和质量评估的双重目的。

在这里，据说上帝和人类完美协作，塑造了这片有限的土地。

整个山区（阿尔旺山Alvão、马郎山Marão、蒙泰穆罗山Montemuro）使得干燥的杜罗河谷地区不能受到大西洋潮湿海风的滋润。这里的地势导致了全年降雨量的减少和气温的升高。在波尔图，每年的平均降雨量只有大约1 500毫米。

波尔图甜葡萄酒是这个地区的贵人，它生长在葡萄牙北部、杜罗河的高谷地及其支流的山谷中，其中包括科果（Corgo）托尔托（Torto）支流。这一支流地区可以分为3个地带：

* 下科果区 (Baixo Corgo)，最潮湿（降雨量：每年900毫米），

植被最茂盛。

* 上科果区（Cima Corgo），干燥（降雨量：每年 650 毫米）而裸露，产量微小。

* 杜罗河上游，最东边的地带，最少被开发（降雨量：每年 450 毫米）。

质量最好的袖珍田地都靠近河流，那里的高地只有 1 到 2 行葡萄树。波尔多甜酒之所以被称为“葡萄酒”，是因为其中添加了 20％左右的白酒，后者就取自于这一地区的葡萄酒。

不同于一个广泛流传的观点，其实并不存在“一种”而是存在“很多种”波尔图葡萄酒，根据种类的不同，人们选择在用餐前、用餐中饮用，或者与奶酪、甜点搭配，再或者把它当作餐后消化酒。

波尔图葡萄酒只能来自杜罗河地区，这是世界上最古老的葡萄酒产区，可以追溯到 1756 年。

作为大海与葡萄酒的纽带，圣文森这位法国葡萄园的保护人也同时是葡萄牙航海者们的守护神，是全世界葡萄酒制造者们的 10 大保护人之一。

图尔维勒伯爵（comte de Tourvi-lle）和让·巴尔（Jean Bart）袭击英国船队，让安托尼·泰奥多尔·居丹（1802—1880）作。

路易十六向军舰舰长下达指令，安德鲁·尼古拉（1754—1837）作。

CHAPTER 4

第 4 章

海上大使和法式生活艺术

Le Vin & la Mer

横渡大西洋的邮轮

Le Vin & la Mer

从1800年到1970年，横渡大西洋的风尚

横渡大西洋的时代（1918—1930）是一段短暂而愉快的历史，它目睹了富裕阶层如何奢侈地环游世界。在这个疯狂的年代，所有的努力都是为了把远洋航行打造成一种上流社会的消遣娱乐，这是海神波赛冬邀请酒神狄奥尼索斯和美神缪斯的时刻。

在远洋邮轮上度过的几个星期里，人们需要遵守一些严格制定的礼仪和规范。

法国横渡大西洋邮船总公司的“法兰西号”邮轮。

餐厅逐渐变成了远洋邮轮上最为奢华的厅堂。阿尔贝·巴林（Alber Ballin）是汉堡—美洲航运公司的总裁和船舶建筑师，他受到欧洲最著名的酒店的启发，想要将每一艘“横渡大西洋的客轮”设计成一座尽可能奢华的移动酒店。

远洋邮轮还得到了一些大厨们的支持，比如著名的爱斯科菲

美洲的冰海浪：一艘横渡大西洋的邮轮抵达了覆盖着冰霜的纽约（《小报纸》，1106期，1912年2月28日，天气预报插图）。

（Escoffier）！旅行中的酒店和餐饮也赢得了十分高贵的地位。谁做的更好谁就能捕获顾客的芳心。

另外，特别是在北大西洋航行着许多轮船，它们仿佛坐落在莱茵河、巴伐利亚河、卢瓦尔河河畔的城堡或庄园，堪称一座座真正的移动宫殿。从19世纪末开始，装饰建筑师们开始大显神通，此时新能源为远洋轮船提供了更大的空间和更佳的舒适度，这些条件以前因为煤炭的规模而受到限制。世纪之初，这些巨轮每天实际上会消耗1 300吨煤炭。

在这些远洋邮轮上，人们要穿着晚礼服参加晚宴，这是一等舱的乘客们必须遵守的惯例。船上的葡萄酒品质细腻，这些佳酿都配得上我们21世纪的星级餐厅。

航海看起来就像是一种征服行为，其中对一些人来说是对西方的征服，对另一些人来说则是对东方的征服！就像福什(Foch)那句名言“没有葡萄酒就没有士兵”，航海的历史大声地回应道：没有葡萄酒，就没有远洋邮轮！

1885年，远洋邮轮以葡萄种植的省份名称来为自己命名：勃艮第号、加斯科涅（Gascogne）号、香槟号。北大西洋的航海联系因为空中运输的起步和腾飞而终结了。

一个漫长的传统连接了葡萄酒和大海这两个世界。

20世纪初期，法国横渡大西洋邮船总公司（Compagnie Générale Transatlantique）的年度储备量可以让我对当时的奢侈程度有一个概念：500 000瓶红葡萄酒和1 500 000升葡萄酒。酒瓶的容量是不同的：前一种按瓶计量的葡萄酒是专为客人们预留的，质量比较高；而第二种是给工人们饮用的葡萄酒，成本包含在他们的工资里，这些是从酒桶里直接倒出来的葡萄酒。

洛林号(La Lorraine, 1900)的军需官在船上迎接乘客们的到来，并负责他们的安顿和起居。他必须会说很多种语言，设计每日的菜品，监督船上的服务质量。晚餐则是令人愉悦的，从来都进行得有条不紊。

他的副手是一位副军需官。他们二人一起领导两名膳食总管、1名主厨、9名厨师以及他们的助手、1名炊事员、1名食品贮藏室管理员、1名肉店老板、2名甜点师、5名女仆、64名男侍从、1名配膳室总管及其4名助手。在洛林号的货舱里，有1 195箱香槟酒，2 347箱葡萄酒。

时代不同，饮酒的习俗也相异：甜烧酒在世纪之初时特别受到客人欢迎。装有上等美味的酒窖挨着……“守门犬的宫殿”（即狗窝）！

1911年，英国想要与法国美食在跨大西洋邮轮上一争高下。英国打着大食量的算盘，为乘客们提供了十分丰盛的食物：到处都贴满了船上今后会供应的食物菜单，包括各种各样的菜肴和葡萄酒。

1833 年 8 月 17 日，在皇家威廉姆号、第一艘只使用新型蒸汽机的轮船（无船帆）上，第一批穿越大西洋的 7 名乘客每人都支付了 20 美元……不包含酒水，写得多么明确！

这样的例子不胜枚举。1912 年，法兰西号横渡大西洋邮轮（之后还将有 3 艘名为“法兰西号”的远洋邮轮，每一艘都以自己的方式晋升为法国的大使！）以其出色的航海表现树立了自己的威望，这当然少不了美食的功劳，如此的优雅而精致。酒窖管理员和膳食总管要管理 60 000 多瓶葡萄酒，其中包括：23 000 瓶香槟、2 000

一艘远洋邮轮起锚，保罗·约伯尔（Paul Jobert, 1863—1942）作。

小瓶（容量相当于普通酒瓶的一半）香槟、1 800 瓶上等纯葡萄酒、25 000 瓶普通葡萄酒、350 瓶开胃酒、900 瓶不同种类的甜烧酒……

船员的人数与日俱增，全体船员一共拥有 30 000 升普通葡萄酒。

1921 年，莫里斯 · 舍瓦利埃（Maurice Chevalier）赋予了巴黎号高贵的地位：菜肴的美味、餐桌的装饰离不开高贵的宾客，每一盘菜肴都有美酒相配，1928 年，人们建立起了露天咖啡厅，让那些因禁酒令而馋酒的美国客人们倍感幸福！

1936 年，玛丽王后号（2 100 名乘客，1 101 名船组人员）拥有一个稍小一些的酒窖，3 250 瓶葡萄酒，1 500 瓶白酒。但是 12 500 瓶啤酒的库存显示出乘客们的消费偏好。

所有这些数字都可以和年消耗量作一比较。以下是 1905 年，在 82 艘来自德国的北德意志—劳埃德 (Norddeutscher Lloyd) 船运公司的远洋邮轮中，所消耗食物的一个部分清单，这些都是全世界最重要的贸易商船。以下数字为这些绰号为“怪兽肚子”的船舱赋予了十分特殊的意义：

7 900 吨切好的鲜肉，13 000 头牛，14 200 头猪，7 000 头牛犊，16 000 只羊，564 000 只各种家禽，59 000 块野味，1 102 000 升牛奶，5 000 000 升水，14 450 吨土豆，7 000 吨面包和面粉，272 500 瓶葡萄酒，46 700 瓶香槟，1 820 000 瓶啤酒，165 吨咖啡，15 吨茶，11 吨可可粉（数据来源：罗西尼 · 拉吉耶）。

远洋邮轮	启航年份	长度	乘客数	船组人数
法兰西号	1864	108 米	1 885	631
洛林号	1899	177 米	953	372
法兰西号	1910	217 米	1 885	631
巴黎号	1919	233 米	2 145	664
诺曼底号	1932	317 米	1 972	1 276
法兰西号	1960	315 米	2 000	1 100

在那些20世纪初的远洋邮轮上，一等舱的乘客更多，而后期的邮轮则更加奢华。诺曼底号的餐厅比凡尔赛宫的镜厅还要长，葡萄酒在质量和数量上也都傲视群雄。

1935年，在诺曼底号上，入席就餐是一个很隆重的时刻。诺曼底号是“省份系列邮轮”的第一艘远洋轮船，也是第一个将艺术、奢侈、美味佳肴和葡萄酒融为一体的符号。在海天之间，美食与情欲来袭！船上所有奢华绝伦的欢腾庆祝都沉浸在香槟葡萄美酒中。军需官是船上的“一家之主”，乘客们因为军需官的不同而选择一条航线，放弃另一条航线。如今我们称其为大堂主管：其中就有著名的军需官维拉尔（Vilar），这个波尔多人的事业在洛林号、巴黎号和法兰西岛号上大展宏图！

1935年5月29日，诺曼底号从勒阿弗尔号出发，预计在4天2小时零12分的航行之后抵达纽约。这艘船以打破世界纪录的时间穿越了大西洋……人们用香槟用来庆贺……在到达纽约的那一个早上人们就喝掉了2 500瓶葡萄酒。

这艘船首航时的消耗量就超出了所有人的期望：24 000升餐桌葡萄酒（来自葡萄酒桶），4 000瓶高质量葡萄酒，3 000瓶香槟葡萄酒，700瓶特级葡萄酒，2 500瓶其他不同种类的酒精和甜烧酒。

暴风雨中的远洋轮船（让·沃尔特和保罗·纪尧姆收藏）(Jean Walter, Paul Guillaume)，亨利·卢梭，即海关职员卢梭（Henri Rousseau, 1844—1910）作。

在一些更为平常的时间里，酒窖里也填得满满的。因此，酒窖以非常珍贵的方式显示出人们的消耗模式。它的组成方式如下：路易王妃香槟（Louis Roederer）126大瓶（2升容量），4 564瓶（正常容量），1 166瓶（普通容量的一半），400瓶（普通容量的四分之一）。对于除香槟以外的汽酒则有 7 915 瓶（普通容量和普通容量的一半）。另外还有 984 瓶上等纯葡萄酒，828 瓶波尔多甜葡萄酒和马德拉（Madère）葡萄酒，2 210 瓶餐前酒，1 362 瓶甜烧酒，1 120 普通瓶和半瓶威士忌，780 瓶杜松子酒，2 236 瓶白兰地，最后还有 25 000 瓶普通葡萄酒和 24 000 升为船组人员饮用的葡萄酒。

船员们左摇右晃，这可怎么办呢？会有什么后果呢？在横渡大西洋的邮轮上，总是有醉酒在恭候。头等舱的船舱里，不论是海员还是上流社会的权贵们，醉酒是在所有甲板上都能看到的苦痛。

这种酒劲儿在机械师那里是缓慢的，在乘客那里有时是剧烈的，它会因闲散的心情和"醉醺醺"的调情调动起来，这种休闲和调情在从一边海岸到另一边海岸的航行中不错地填补了空白的时间。看一眼陡峭的河岸，无论是美洲的还是欧洲的，都可以调动人们的亢奋精神！疯狂的时刻，是井井有条的生活的停顿，它可以让人类的悲痛得到暂时的缓解。

对于运煤工和锅炉工，葡萄酒消费直到第一次世界大战之前都算作个人工资的一部分，因此也能体现出它的热能量：葡萄酒一直是左拉[1]的精神养料！工人们的葡萄酒质量根据体力劳动的难度而有所不同。1893 年，对于一个水手来说，规定的葡萄酒份额是 6 厘升白酒和 46 厘升葡萄酒。

在 19 世纪末，根据瑞士巴塞尔议会 1896 年的一项研究显示，一名水手在船上的日平均消耗量为：2 至 3 升葡萄酒，1/2 升啤酒，1/4 升纯酒精饮料。

糟糕的饮食和住宿，让一些人的工作环境极为恶劣：拥挤、肮脏、不卫生。过度饮用酒精虽然会导致乙醇中毒，但是酒精本身可以在一定程度上帮助维持船上的社交和平。

几经踌躇，是否禁酒的问题在大西洋两岸以不同方式被处理。旧欧洲明智地决定进行开化教育，其他地方则禁止了酒精。同样，1919 年，为了抵抗酗酒，议会颁布了沃尔斯特德法案[2]，并不是特别奉行自由主义的政府坚决而彻底地决议实行禁酒令。当然，这

[1] 左拉（1840—1902），19 世纪法国最重要的作家之一，自然主义文学的代表人物。

[2] 1919 年美国国会通过"沃尔斯特德法"，明令禁酒，只允许少量的葡萄酒供"医疗和宗教使用"。直到 1933 年 1 月，富兰克林·罗斯福上台执政后，才废除了禁酒令。

一禁酒令涉及到所有美国船队的船只，他们在当时被称作“干巴巴的船”。那些悬挂外国国旗的船只成为了名副其实的漂流酒吧，它们拥有充足的供应，对新世界的居民们构成了不可抵挡的吸引力。

很快，新出台的决议决定将酒精饮品的禁令扩展到外国船只，其中也包括葡萄酒和啤酒。在美国法律不知情的情形下，葡萄酒在这个疯狂禁酒的年代为那些大型远洋邮轮带来了一种新节奏的生活，它的节奏完全配合着叮咚作响的葡萄酒瓶，它们被藏匿在

从上至下：挪威（Norway）时代的法兰西号，新一代的豪华游轮，数量翻倍的甲板。

餐桌下或船舱里，人们只能快速地偷偷饮用。

于是出现了越来越多的警方抽查或者说船上抽检。1923 年 6 月 22 日，在悬挂英国国旗的拜伦加利亚号（Berengaria）上，一名工作人员在放置帝国武器的密封货舱里妥善地储藏了所有酒类储备，直至抵达纽约。

但是美国官员们在领海水域中靠近了这艘船，拔除了封印、钉子和木板。海关职员们搬空了这 6 298 瓶葡萄酒，但完全是赤膊上阵。实际上，官员们本着实用的精神，拒绝升降机和其他电梯设备的使用，为的就是要让海关职员意识到法律的重量！另一艘远洋邮轮波罗的号在当天也遭受到同样的惩罚。

利维坦号 (Léviathan) 是美国商业船队中的国王，人们在这艘船上全程维护了这条多数派的法案，这里有一些十分滑稽的场面，被那一时期的报纸嘲讽了一番。船上的旅客们将他们的船舱变成了酒窖。人们晚餐时从中只取出几小瓶最有名的酒，藏在桌子下面触手可及的地方，用桌布掩盖起来，放在那些半睁着眼睛的官员们看不到的地方。

法律也开始变得缓和下来。国库秘书安德鲁 · 梅隆（Andrew Mellon）最终批准远洋邮轮可以在船上储备酒类，可以以治疗的名义使用“酒精类医疗试剂”。在利维坦号上，允许定期饮用医用酒精这一不成文的做法使得法令走了样。一些乘客和船上的外科医生拥有足够数量的酒类储备，而菜单上只不过虚伪地写着“矿泉水”！

一些男侍从在船舱中侍奉时如果有人点了浓茶，他就会端上装有葡萄酒的茶壶。如果有人眨下眼睛，声称自己拉肚子了，船上的医生就会为他提供美味的鸡尾酒！

美国人在离岸只有几米远的船上把酒喝掉，时刻准备着将杯子和其他器皿扔到水里，其中还包括茶杯。据利希滕贝格 (Liechtenberg) 所说，从葡萄酒中会浮出秘密。

但是这句话只有在领海水域才是正确的，超出这个地方……

法兰西岛号在它首航之际可谓是世界上最大的远洋邮轮，它还有一个别称是“大西洋最大的酒吧”，一个名副其实的漂浮宫殿。据说在这艘船上，高卢人的冲劲混杂着酒馆里的放纵和交际狂欢，甚至还有点放荡！

法兰西岛号邮轮从来不会在午夜之前离开纽约，因为在这个时候，即将出发的旅客们会觉得陆地上有很多不舍离别的“朋友们”！由于这艘特别受到美国百万富翁们喜爱的法兰西岛号是一艘外国轮船，所以它可以逃避联邦法律对禁酒令的管制。尽管美国国库和税务行政部门努力阻止酒精饮品在船上运送，旅客们和全体船员还是能够享用到最醇美的葡萄酒，挫败了那些著名“清官们”的热情。

在船上，有一些人走私白兰地、香槟和其他上等葡萄酒。据说在酒吧里，与那些美国海关职员们打交道都变得没那么困难了！

乘客们都小心翼翼地在显眼的位置戴上一枚“勋章”，上面有姓名和船舱的编号，这样一来，在他们喝得酩酊大醉时就可以被带回到自己的房间！禁酒令总会引起一些极端的行为。

这艘远洋邮轮越来越受到人们的青睐，从而走过了一段辉煌的历程。它迅速获得了“海上圣伯纳犬”的绰号，这不仅是因为提供的服务十分诱人，还因为它在海上遇到遇难船只时会给予人道主义的援助。在这个顾客至上的时代，法兰西岛号奢侈、精致的氛围同样使它赢得了“大西洋的和平之路”的美誉。

在那些横渡大西洋的邮轮上，还有一个在20世纪初资产阶级经常出入的小礼拜堂，即便在禁酒令时期，这里也自然地能找到足够数目的葡萄酒。法律允许用于圣事的酒类。1920年至1933年间，牧师在那些担忧酒精的基督教徒们的帮助下，有些过度地——温和婉转的说法——使用圣器室的葡萄酒。于是，上帝就像关照灵魂的救赎一样，提防着任何意外的发生！

1932年，为了庆祝哥伦布日[3]，一艘豪华游轮运送了1 800人。在驶离领海水域的美国船只上，人们不再遵守禁酒令。一支水

[3]哥伦布日为10月12日或10月的第二个星期一，以纪念哥伦布于1492年首次登上美洲大陆。

手分队被指派监督那些嗜酒成瘾的乘客们，防止他们跳到水里。

在20世纪60年代，横渡大西洋的定期交通停止了，而让位于亚音速航空。渡海活动从（以传道、军事为目的）必要任务转为了娱乐活动，豪华游轮因此诞生。唯独渡轮仍然能够在2001年用这样的混合船运载乘客：货船和远洋邮轮的组合体。豪华游轮成为了一项自愿选择的娱乐项目。

从1970年到如今，豪华游轮的风尚

富有的游客们从此选择了豪华海上游轮，他们有些打着文化主题（音乐、历史、考古），有些则打着异国风情主题（海水浴、生态游）。以美食或葡萄酒为主题的旅行借着欧洲的河流航道也在近些年出现了。

在各种广告效应中，旅行社广告里最吸引人的部分就是那些享有盛名的葡萄酒和其他酒类饮品的图片，豪华游轮可不一定是专门献给酒神巴库斯或卢卡鲁斯的(Lucullus)[4]。

享乐至上的豪华游轮以其美食品尝课和葡萄酒讲座为旅程增添了乐趣。国际知名的膳食总管、著名的餐厅大厨以及游客们的参与活跃了船上的气氛，使得在远洋出行的高级游轮或游艇上度过的这一周充满了乐趣。

对于凯歌香槟（Veuve Clicquot）公司[5]，大海的主题以船锚的形式出现在香槟的标牌上，无数19世纪和20世纪的海洋探险都印证了这一主题。

由凯歌女士在欧洲和世界织就的商业网因为全球大海和大洋旅行的普及而成为现实：北海、地中海、大西洋、太平洋、中国海。这解释了为什么船锚会被当作为凯歌香槟公司的象征印在了标签上。

[4] 卢卡鲁斯，Lucullus，是一位举办豪华宴会的罗马人。

[5] 法国凯歌香槟公司于1772年由菲利普·凯歌（Philippe Clicquot）先生创办。1805年，菲利普的儿子不幸因病过世，由他儿子的妻子，著名的凯歌夫人继承其衣钵。凯歌酒厂现为全球第二大香槟生产商，也是世界上最古老、最富有传奇色彩的香槟酒厂之一。

政治史同样扮演了十分重要的角色，这是因为红酒贸易经常与国际紧张局势有关，目的总是一样的：取得制海权。在欧洲冲突的背景下，凯歌女士在1814年参与到航海贸易的历史中，因为她是将香槟葡萄酒带到俄国领土上的第一人，几个月之后贸易就被封锁了。

大多数豪华游轮的大公司都宣布为金葡萄酒（香槟）留有贮藏空间：精英游轮（Celebrity Cruises）、皇家加勒比游轮（Royal Caribbeau）、挪威游轮（Norvegian Cruise Line，NCL）。

凯歌香槟公司和冠达游轮公司（Cunard Line）结成了合作伙伴，目的是在史无前例的最豪华的游轮上添加一个香槟酒吧。广告上除了公司里各式各样的香槟酒以外，还配上了鱼子酱和肥鹅肝。这艘游轮有14个主题酒吧，其中的香槟主题酒吧中醒目地摆放着那些落款是凯歌香槟酒厂出产的最上等的葡萄酒。

2004年1月8日，玛丽王后二号在南安普敦由伊丽莎白二世举行了船舶下水仪式，仪式中使用的大瓶葡萄酒就是凯歌皇牌特级香槟（brut Carte Jaune）。这一事件让人们回想起酒厂向更遥远大洋出口的历史。

落成仪式一共消耗了7000瓶葡萄酒。

凯歌香槟以其封印标记着这艘海上巨轮有史以来第一次，在这样一艘重量级的邮轮上，出现了明确为香槟酒而开设的酒吧。它的位置绝佳，坐落在主要的中庭并靠近那些奢华的店铺。品牌的标志在酒吧中十分醒目：这是一个专为凯歌香槟在这样一个举世瞩目的场地展示自己葡萄酒的机会 。

酒保们都是一些聪明而谨慎的人，他们还会预报天气：只要风力超过7级，他们就会收拾酒杯！

法国海军最初是在菲利普·奥古斯汀（Philippe Auguste）的统治下建立的，而海军元帅头衔则是直至1342年才被设立，官员部队也是在1373年才得以成形。皇家海军实际上是在黎世留的推动下诞生于1624年。黎世留面对拉罗谢尔地区的胡格诺派[6]活动，意识到必须要给法国配备真正意义上的海军。路易十四和柯尔贝尔（Colbert)[7]就是这一发展的最初推动力量。在法国大革命时期，法国主要关注内部，这一时期的海军有所衰落。直至19世纪初期，它才重新找回了一定的活力，通过1830年的一项法令，海军学校终于成立了。因此，被冠以“皇家”的法国海军，接受了这个对于它的历史、海员都影响深远的称谓。葡萄酒有时会与海员们的生存息息相关。

食物储备的问题迅速在海军的历史中被提出，因而产生了一个管理食物储备、联络船只维修地点的行政管理部门，这其中也并非没有冲突。

黎世留开创了这个行政部门的基础：他在自己手下汇集了众位海军司令部将领并负责双桅战船的装载。在他的管辖之下，一名海军军需总管和八名海军中尉控制了沿海省份，他们每一个人都配备两名军需官辅佐，后者必须保证海军的命令被很好地遵守。布雷斯特、布鲁瓦日（Brouage）和勒阿弗尔港口发展起来，土伦的角色也

[6] 胡格诺派，Huguenots，16世纪欧洲宗教改革运动中兴起于法国而长期惨遭迫害的新教教派。

[7] 柯尔贝尔，Colbert，是法国政治家、国务活动家。他长期担任财政大臣和海军国务大臣，是路易十四时代法国最著名的人物之一。

皇家海军的奠基人，黎世留的红衣主教军队打大炮。

被认定。1631 年，船舶装备不再由船长而是由国家管理。每一个港口的储备和维护都交由一个总军需官来管理。

柯尔贝尔作为一个优秀的管理者精炼了这一体制。在土伦，一个集“司法、警察和金融”一体的军需总管获得了令人满意的成果。土伦的例子于 1666 年扩展到拉罗谢尔，而后 1674 年又被布雷斯特效仿。渐渐地，缆绳工厂建立了，另外还建立了船坞、大炮铸造厂、船锚锻造厂、商店和面包炉……

随着时间的推移，海军的行政部门在管理时开始区分海上船只和码头船只。前者交由军官管理，而后者几乎是专门由民间官员来进行照料。

逐渐开始出现了文官和武官之间的斗争，负责军需的总管和海军军官们之间出现了矛盾。海军官员们不认同行政部门的特权，不停地要求加强自己的权威。一些皇家命令最终牺牲了船队官员们的利益。那些硝烟四起的冲突和辩论，直至 20 世纪初才被化解，这时的海军军需处采用了现代管理模式，登船的官员们拥有了直接的管理任务。司令和军需官其时按照合议制，在船上形成了一个二重责任人，负责准确而规范地管理军饷发放、交通经费以及食物和生活用品的采购。1910 年成立的海军军需学校就是其中的一项成果。这里的学生，无论是文官还是武官，他们的第一项实践都是船上生活，所有学生一律要登上同一艘轮船。

无论是什么样的储备体制，海员们自始至终都可以在船上领取到酒精饮品：或是发酵而成的（苹果酒、啤酒、葡萄酒），或是蒸馏而成的（白酒、杜松子酒……）。后者有两个明显的优势：更易保存，占地空间更小。因为有很好的口感，人们一直对葡萄酒的追捧有加，尽管它的确有很多不便，但是经常会被其他的一些更为健康的因素所弥补。相比于水，海军更偏爱葡萄酒，这是因为根据医学压榨法，水会在航行的几个星期之内变质。罗贝尔·夏勒（Robert Challes）在

1690 年的印度之行中这样证实道："水在船上保存 2 个月之后……会变成橙红色，它的液体味道难闻得让人直捂鼻子……水里生出了长着黑鼻子的白虫子……"

土伦港景致，旧港风光，岸边是食品商店，约瑟夫·维尔奈（1714—1789）作。

需要一些葡萄酒，但是哪一些呢？1689 年路易十四的一道指令让我们能够窥见其中的差别。葡萄酒主要的是红葡萄酒，它会根据目的地不同而选取。如果目的地是西方，那么圣东日和图蕾娜的安茹 (Anjou de Touraine) 葡萄酒会在出征的第一个月内被消耗掉。这些葡萄酒就是所谓的每日餐酒。而波尔多、蒙福尔 (Montferrand，沼泽地)、凯尔西、沙洛斯（Chalosse）等葡萄酒则被更好地保存起来，留给热带区域。

如果目的地是东方，那么一定会从土伦出发，新葡萄酒来自普罗旺斯，陈年葡萄酒则来自土伦和马赛。

军粮供应官员接受皇家指令，他们也会根据时期和迫不得已的情况而违背这些指令：比如遇到葡萄酒供应紧缺，或者当地葡萄酒成本降低的情况。供应官既无法将白葡萄酒以及雷岛、普瓦图（Poitu）、南特和拉罗谢尔的葡萄酒运送到西方，也无法将朗格多克的葡萄酒提供给东方。

1808 年，当时的两位卫生专家佛萨格里弗（Fonssagrives）和德利维（Delivet）发现，波尔多葡萄酒有很好的贮藏能力和绝佳的水上改善效果：它在海上不会变质，反而会变得更加香醇。

从此以后，装船的葡萄酒在整个航行过程中可以保持同样的性质；每日葡萄酒不复存在。在各个大洋港口，波尔多葡萄酒享有了绝对的优先权。

圣东日的葡萄酒只有在闹饥荒的情况下才会中选，因为人们觉得它太淡了，味道很容易变酸。它只是偶尔被驻扎在拉罗谢尔的战舰上的短工所饮用，或者作为这个港口上的船舶装备。

据佛萨格里弗所言，船员们都很喜欢普罗旺斯的葡萄酒，但是由于保存困难，这种葡萄酒不适于远征出行，除非海员的体格十分

布雷斯特锚地，从城堡低地平台取景，让·弗朗索瓦·于（Jean-François Hue，1751—1823）作。

法国三桅战舰阿雷图斯号（Aréthuse）在布维（Bouvet）军舰舰长的指挥下与英国三桅战舰阿美利亚号（Amélia）在海上作战，从洛兹岛（Loz）眺望几内亚海岸，1813 年 2 月 7 日，路易·菲利普·克雷平（Louis-Philippe Crépin，1772—1851）作。

健壮。

卡罗尔的葡萄酒虽然壮大了日常饮用葡萄酒的队伍，但还是没能在远征航行中得到使用。

波尔多用于远航的葡萄酒至少要有两年的保质期并具备一定的酸涩度，这种适度粗糙的口感会在海上运输期间得到矫正，以上都是一些有利的条件。另外还应该有足够的酒精度数，它不应该超过 10 度，人们会增加葡萄酒中的酒精含量，使其在返程时达到 13 度。

葡萄酒是食物储备的一部分，而水则另外记账。大木桶（容量约 200 ~ 250 升）的数量让人有些担心船的承重、空间和平衡。而且一旦清空，这些木桶不应该影响船只的平稳：于是人们就将酒桶里灌满海水。

酒桶在船上起着十分重要的作用。地中海气候对箍桶业并不十分有利，因为当地的木材如松树或橄榄树都不适宜制做木桶。而且一开始的容器都是些羊皮袋、皮革制品，或者双耳尖底瓮，它们都用来盛小杯的葡萄酒。

木桶的使用随着海上旅游的增加而慢慢普及起来。箍桶业在旧体制 (Ancien Régime) 下的大船和战舰上占据十分重要的地位。船上的箍桶匠由军需供应官负责。

“大酒桶以及每日盛酒的木桶都将由国王陛下供应，为船组全体人员储备水和葡萄酒。这些大酒桶会被组装起来并且用铁箍箍紧，另外琵琶桶、水桶和软木也都准备停当，这些费用在航海期间一律由军需供应官负责支付，他要在船只卸载期间把酒桶等送还到国王的文官手中。”

以上是国王路易十四在1689年对海军部队和兵工厂的指令。

1780年，一艘配备74尊大炮的军舰上有775名男人，装载了417桶葡萄酒（稍稍多于10 000升），6桶白酒，这些数据被认为代表了6个月的消耗量。在食品贮藏室内，大桶用来细化葡萄酒的份量，并且密封盛装可以食用3至5天的葡萄酒。卫生专家们建议不要将葡萄酒在这样的容器中存放超过2天，要在每次使用时在甲板上用大量的水清洗容器。一直到1888年，人们才普遍在船上使用可移动木桶，以代替那些不能活动的器皿。后者强制人们不得不多次进行倾倒液体的工作，这对身心都十分有害。

让弗朗索瓦·雪龙，军旗骑士，军舰舰长（Jean－Fran·ois du Cheyron，1730—1782），慕斯盖（已知1863年）作。

这些18世纪的卫生专家希望船上的葡萄酒不会变质。于是，管理食品的职员就要学习一些基本的酿酒知识，以处理和监控装船的葡萄酒。

葡萄酒的处理需要在军需供应官的监控下完成。他会定期采取多项措施：

• 添加酒精，向葡萄酒中加入白酒和三六烧酒（高度酒），以便使其酒精度数达到至少12度。

• 稀释，目的是让葡萄酒的质量齐平，弥补或者最好预防变质。

• 填满酒桶，即定期添加同样的葡萄酒，旨在弥补密封不严造成的葡萄酒的蒸发或稀释。

• 粘黏，在蛋清的帮助下澄清大酒桶中的葡萄酒。

• 最后是滗清葡萄酒，浸硫和清洗酒桶，这是因为酒桶都用浸有二氧化硫的布条消毒，以避免污染。当时 18 世纪的人们还不了解细菌的存在，直至 19 世纪巴斯德才提取了细菌。

• 最后军需供应官要调整酸度，用中性的人造酒石盐酸破坏变酸的环境，使经过了醋酸发酵的葡萄酒适于人类饮用，这就是葡萄酒变食醋的过程。

其他诸如此类的矫正也都是为了改善酒桶的味道。当时的处理方法是每桶加入 1 升橄榄油，葡萄酒工艺学还没有诞生，但是人们已经可以看出海军为这一行业提供了一些秘方。

在船上的葡萄酒分配包括一整套仪式，这套仪式也引起了很多猜忌。人们将食物寄存在食物贮藏室（cambuse），这个贮藏室由一个专门的船舱及其附属舱组成，其中就包括葡萄酒舱（la cale à vin)（于是就出现了一个新词“cambusard”，意思是装载在船上的葡萄酒）。船组人员会进行监督以使自己可以得到全部的分配份额，小心翼翼地防备一切作弊行为。

葡萄酒被分配到各自的军用酒壶或小罐中，由军需职员们斟满：这是一种木制的箍铁环的军用水壶，有一个灌瓶用的壶嘴。从 1899 年开始，这种形式的军用酒壶被“拉格朗日体系”（système la Collange）的搪瓷壶取代了，后来又变成了简单的酒瓶。

每一名水手都拥有一个相当于 1/4 品脱[8]、约合 0.23 升的平底大口杯。1689 年 4 月 15 日，一道下达给海军部队和海军兵工厂的指令规定，每个海员每天的葡萄酒基本供应量是 0.69 升。1776 年 2 月 13 日，食品条例明确规定份额不变，但是根据每餐分配的一杯合 0.23 升的葡萄酒不再可以被稀释了。

在大革命时期，海军经历了困难时期，负责采购的船东们为了雇用背叛革命者入伍，为他们提供了大批高质量的葡萄酒。在

[8] 品脱，法国旧时液体容量单位，合 0.93 升。

这些欢宴交际中，为了鼓舞海员，葡萄酒如流水般消耗，随后战争爆发了。

从传统上讲，葡萄酒的份额是 0.69 升，啤酒的份额是 1.38 升。直至 1946 年，葡萄酒的每日份额才正式降到 0.5 升。

在木制巨轮的时代，展示一具老鼠的尸体就有权得到双份的葡萄酒，称作“双份”（la double）。结果是：那些机敏的水手悄悄地开始了老鼠养殖业。部队的船长是在船上专管纪律的海军官员，受命负责“双份”的统计和发放批准，而他也同样负责管理这项老鼠养殖副业。

直至 1974 年，在一些场合下，水手们会因为各种名义而获得“双份”奖赏：

土伦港景观，新桥景观，取景于炮军公园一隅，约瑟夫·维尔奈(1714—1789)作。

• 集体名义：在节庆日（7 月 14 日，11 月 11 日）、特殊事件（总巡查，一名当局官员考察）、繁重工程（曾经的煤炭苦力）、成功的练习等场合。

• 个人名义：对于一个行动或模范行为的奖励。

• 职业名义：机械师和锅炉工每天可以得到半“双份”的奖励来“暖身”，他们的借口是他们要在“火焰前”工作。

从 1974 年起，人们还提议了各种其他种类的饮品：所谓的保健饮料逐渐取代了葡萄酒，它的甜味来自化学物质。

不同于那些跨洋邮轮，法国海军很幸运地从来没有受到过禁酒令的限制。这或许是因为早在 1872 年，海军健康最高委员会建议要在海员中开展反酗酒教育，给他们举办一些关于醉酒危害的讲座。

1897 年 2 月 2 日，内阁的一项决议批准了国家反酗酒联盟进入军队圈，于是“大哑巴”军队[9]有了发言权。年轻的法国人接受了一些道德和卫生的原则。

1897 年 10 月 29 日开始，在其他地方长期活跃的国家反酗酒联盟在海军中得到了批准，但是它在此只是作了一些比较孤立的尝试。反酗酒联盟的教育在仓库、机械师和射击手学徒学校以及战船上广泛开展。节制饮酒的理念迅速在海军将士和船组人员中得以传播。官员、医生、士官和水手们热情充沛，竞相克制自己饮酒的欲望。

葡萄酒出产国（法国、意大利、西班牙、葡萄牙）的海军部队受到的影响要比北欧国家小，北欧的酒类更浓烈，所以更经常会出现船员酗酒的情况。医生们同样发现白酒比葡萄酒的危害更大，因为它会引起胃部发炎、腹泻、面色发黄、消瘦、迟钝等症状。

从远洋邮轮到战船，餐桌还是一样的餐桌。1716 年 6 月 10 日的规定这样说道：“国王陛下供给

[9] 法国军队在 1945 年之前的一个绰号是“大哑巴”（La Grande Muette），这是因为法律限制军人的各种自由（选举、结社、表达权等）。

马利·约瑟夫·弗朗索瓦·加尔尼（Marie-Joseph François Garnier）半身像，法国海军军官，因与欧奈斯特·杜达尔·德拉格雷（Ernest Doudart de Lagrée）远征湄公河而著名，保罗·萨鲁（Paul Sarrut, 1822—？）作。

法国船队，奥拉斯·维尔奈（Horace Vernet，1789—1863）作。

船长的餐桌，船长讲负责供给副船长、海军中尉、神甫、代笔员、外科医生和仆人。”

除了一些日常葡萄酒，船上还应该有一些其他酒类。于是，在南特葡萄酒（等待启航时饮用）和 52 桶波尔多葡萄酒以外，普拉斯兰（Praslin）公爵在 1764 年还装载了 1 箱格拉夫 (Graves) 白葡萄酒、52 瓶朗贡（Langon）白葡萄酒、100 瓶半（约半升）马拉加（Malaga）葡萄酒、80 瓶半啤酒、60 瓶半上等甜烧酒。

大约在 1780 年，一艘战船上的司令部选入的葡萄酒有：梅多克、蒙福尔、塔朗斯和玛歌庄 (Margaux) 的陈酿葡萄酒，卡罗尔、格拉夫

越南东京战争，南定战役，1883 年 7 月 19 日。

的葡萄酒，朗贡的白葡萄酒，苏玳、马拉加、波尔图的葡萄酒，果子酒，昂代（Hendaye）的白酒，昂热的甜烧酒，以及各种各样上等的甜烧酒。

在船上，船长是上帝之外的唯一主人，他同样把葡萄酒当作纪律管理的工具。葡萄酒是多么受船员们喜爱，等级制度使葡萄酒成为了惩罚或奖赏的工具。

在用餐时，用葡萄酒惩罚一名海员一直是一项沉重且痛苦的处分。相反，“双份”则一直是十分受欢迎的报酬。对佛萨格里弗来说，夺走海员的葡萄酒无异于侵犯他的健康。削减葡萄酒这样的惩罚似乎并不得当。在葡萄酒的惩罚中，海员们总是保持团结一致，除非用镣铐将他们隔离。卫生专家们认同扣除白酒，但是不接受扣除葡萄酒。

在这种情况下，1786 年出台了一条规定，禁止官员实施减少定量分配的葡萄酒的刑罚，因为葡萄酒对于保证船员的生理与心理健康至关重要。

葡萄酒同样是战犯和被定罪的囚犯们的一项权利。1916 年的一道指令明确了其中的内容：

• 战犯在国家军舰上可以得到与登船海员相同的食物份额，其中就包括葡萄酒。

• 被定罪的海员无权得到葡萄酒。

• 被关押进监狱（逮捕）的人在受罚期间的每一餐都剥夺葡萄酒份额。所有得到醉酒惩罚的人都会在 24 小时之内禁止饮用葡萄酒。

随着时间的推移，船只的结构和形状极大地演进了，葡萄酒也不例外。比如印度支那（东京地区[10]，1948 年）的一些稻田角落，在水陆两用舰队中，部队就提供了一些装有脱水葡萄酒粉的小袋。人们可以将粉末与事先用几滴高猛酸盐消毒的河水混合在一起，这样就会得到一种血红色的液体，远远不及波尔多的年份酒或者勃艮第的陈酿 (Bourgogne tuilé)[11]。一名皇家海军的前辈发布了这样一个终极警告：“臭气熏天！”

在印度支那战争时期的那些与酒有关的轶闻中，有一位供给负责人想到从葡萄酒中通过冷凝取水的方法，这是一种与如今的法国葡萄种植者们完美掌握的渗透作用相反的过程。出于经济利益的考虑，葡萄酒因而减轻了“散装酒船”的负荷。葡萄酒运抵目的地时，人们会稀释产品的酒精浓度，要从 24 度降低到 12 度。士兵们并不在意这样的人工把戏：他们觉得葡萄酒的味道即使在这个度数下也非常不错。士兵都不用往葡萄酒中加水了！

可是，这个值得嘉奖的好主意毕竟在酗酒的危害面前败下阵来。于是，散装酒船像以前一样恢复了运送葡萄酒的航线。但是几乎可以肯定的是，海军在此为葡萄种植业提供了一个非常实用的方法。

圣女贞德号是 1964 年开始服役的一艘学校式轮船。在这艘船上，特别准备好的葡萄酒酿酒桶为一次六个月的远洋航行储备了 50 000

[10] 东京地区，Tonkin，越南最北部一块地方的旧称。

[11] Tuilé，本义为“盖瓦”，指葡萄酒在陈酿过程中颜色从砖红色到橙黄色。

升葡萄酒，目的就是给包括军官、学生在内的 700 名船组人员解渴。虽然有这样周密的预备，但是在远征结束时（硫磺过滤器），因变酸而无法下咽的葡萄酒还是让最勇敢的人望而却步了。人们卸载了酿酒桶，换上了食用塑料制成的“铁皮桶”（touque)，然后又换成了“盒中袋”[12]，都是为了更好地保存葡萄酒。如果储备不足，船只可以在远洋途中重新补充葡萄酒。

特里东（Triton）号甲板上的高级船员们，1849 年 1 月 21 日，菲力贝尔·珀鲁（Philibert Perraud，1815—1863 后）拍摄。

还有一个真实的故事：导弹巡洋舰柯尔贝尔号（Colbert）不久前离开了自己的故乡波尔多，驶向一处海滨墓园。一位精明的水手，大概很喜爱葡萄果汁，当他蜷缩在自己的小床上准备好好休息一下时，发现有一名收购员从他鼻子底下经过，而他正是从葡萄酒贮藏舱径直过来的。在船上的一名机械师的帮助下，他安装了一个管子，从贮藏舱的水龙头一直通到他的小床——这就是泄水缝的一个变体。这样，他就能够在夜里的任何时候畅饮美酒了。

欧洲同样在葡萄酒上制造了一些麻烦。1997 年，洛里昂的兵工厂把十个扫雷舰系列中的第一名扫雷舰送进船坞大修，这艘舰艇由三方合作建造：法国、比利时和荷兰。在决定船只建筑结构时，比利时人和法国人之间就一个问题展开了激烈的辩论，但是这个问题很重要：一方坚持要求建造葡萄酒酒窖，而另一方则坚持要求建造啤酒贮藏室！至于荷兰人，他们看起来更喜欢葡萄酒，而不是啤酒。

液罐葡萄酒的时代的确离我们远去了，我们的海军放弃了这个让散装酒船出尽风头的理念，这些货船曾经把北非制造的葡萄酒从地中海的一端运送到另一端。而大海到底是不是一个促进葡萄酒改良的有利因素呢？海员们发现，甲板的晃动对勃艮第葡萄酒有着致命的影响，但是被海浪摇曳的波尔多葡萄酒则感到非常适应！

[12] 盒中袋，bag-in-box，是由多层特种材料制成的柔韧性包装袋。它具有运输安全、环保、保鲜期长的特点，是世界上流行最快的食品液体包装。

[13] Corsaire 在法语中有两个意思：其一，参与海上追逐战的人；其二：参与海上追逐战的船只，名义上是私人的，但是得到政府的官方批准。

[14] 法国古斤，巴黎为 490 克，各省为 380 ～ 550 克不等。

如今在船上，船员们最经常饮用的是所谓健康的含气饮料，而船长的餐桌上仍然供应有精致的葡萄酒，膳食总管对轮船的左右摇摆无动于衷，单手稳健地把这美酒倒入受到船锚震动的水晶杯中。

不要忘记，所有的船只都在世界的舞台上扮演着一种展示自我的角色。法式的生活艺术得到了强烈的表现，并且法国的著名葡萄酒也在外交场合发挥了积极的作用。

海盗和海盗船（Corsaire）[13]

我们提到了海军，就不能不提到海盗和海盗船。不同于那些远海或近海的海上盗贼，参加海上追逐战的海盗们是由王朝正式而活跃的海军力量组成。1681 年的一道指令明确了他们的行动范畴，即限制在战争时期使用，以及限制在与法国的敌船作战时出征。

海盗的世界总是让人们兴奋不已。其中的一名海盗在两个部队之间建立了不可分割的联系，他就是让 · 巴尔 (Jean Bart)。从 1672 年开始，他便为法国的利益航海征战，并显示出过人的才华。1674 年至 1678 年间，他累计俘获了 50 条船只。1679 年 1 月，皇家海军接受他为军舰海军上尉，而后他远征地中海对阵北非诸国，并在 1686 年 8 月晋升为轻型三桅战舰的船长。1689 年，他和福尔班（Forbin）一道负责率领敦克尔刻的舰队出使布雷斯特时，让 · 巴尔被英国人俘虏。他后来逃脱，乘着一只小船跨过拉芒什海峡回到圣马洛。1689 年 6 月，作为军舰的船长，他以调动轻便和迅速的三桅战舰分队为基础，制定了一项作战策略。敦克尔刻海盗最著名的功勋就是在 1694 年，当时他不惜损害荷兰人的利益，在荷兰特克塞尔岛（Texel）外海抓获了一支由 130 艘满载小麦的船只组成的庞大船队。这次的捕获行动是在饥荒时期完成的，因此让 · 巴尔成为了举国英雄，并且赢得了贵族的头衔。1697 年他成为了海军舰队的舰长，他在敦克尔刻指挥海军部队，于 1702 年 4 月 27 日在此地逝世。法国从此为了向让 · 巴尔致敬，以他的名字命名了九艘战舰。

在最初的追捕行动中，完成得最漂亮的要数那些与葡萄酒有关的捕获，正是这些成果奠定了他未来的事业。在大卫王 (Roi David) 号上，他缴获了 35 桶坚果、2 尊大炮并抓获 34 名俘虏。1674 年 4 月 6 日，他凭借一己之力阻截了艾米探险号 (Aventure d′ Amy) 军舰挂艇，这艘船来自英国，后被荷兰人捕获，船上装载着十尊大炮和若干西班牙葡萄酒。5 月 11 日，他重新出发并捕获来自布鲁日的圣皮埃尔号，这艘船上有 124 桶西班牙葡萄酒，大约 130 000 古斤[14]，这相当于在大卫王号上七次捕获所得价值的一半。

不一样的大使，不一样的葡萄酒

Le Vin & la Mer

贸易船舶和远海捕鱼也以不同的方式与葡萄酒有着属于各自的历史。19世纪，船长和捕鱼舵主在每次远洋出航时都会装载几百升葡萄酒，并且根据仪式和规则发放葡萄酒。1/4升的份额刚好适合杯子的容量，这是一种上了釉的平底铁制带柄大口杯，人们把它挂在腰间，喝咖啡的时候也可以使用。

在捕鱼丰收时，会额外分发几罐葡萄酒或一些6厘升的白酒。在拖网渔船或捕鳕鱼船上，由于体力的消耗，每天平均会分发2升葡萄酒，以补充流失的卡路里，葡萄酒在航海中也是一种补充能量的食物。

在海上，帆船健将们饮用很少或根本不饮用葡萄酒。他们更愿意在中途停靠的时候享受那些来自最优质地区的美酒：波尔多、勃艮第、香槟、密斯卡黛、普罗旺斯海滨、罗纳河沿岸……这里的美酒都在等待着他们。超重一直是这些体育竞技者们海上竞赛时的心头大患。游艇竞技者由于担心装载了无用之物，只能牺牲掉美食的享乐。对于重量的追求导致他们更为偏重固体食物的份额，主动将食物冻干，对于液体则算计得尽可能精准：多少天、多少餐，不要1天的富余量。绝不能携带多余的小瓶装葡萄酒，即

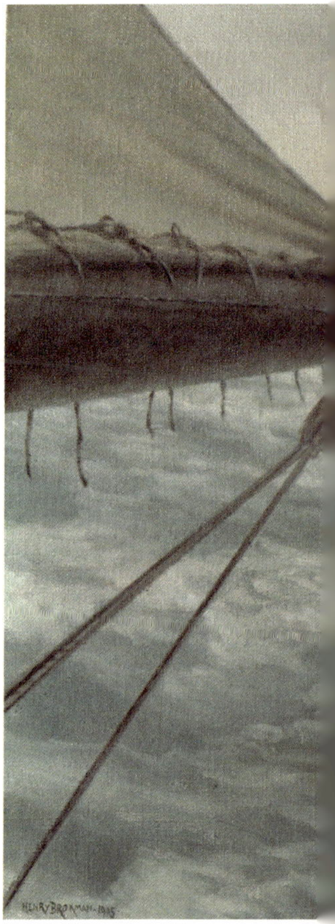

便是名酒也不例外，除非是为了庆祝某个事件才允许饮用 1 ~ 2 小瓶。

奥利维叶 · 德 · 科侯宗（Olivier de Kerauzon）回忆："1997 年的时候，我在环球比赛中带了 8 大瓶酒。我们当时有 7 个人，我们的时间只够喝 4 瓶酒：一瓶 89 年的飞龙世家（Phélan-Ségur），一瓶 85 年的拉图（Latour），一瓶 85 年的白马（Cheval Blanc），一瓶 82 年的金钟（Angélus）。我们在绕过洪恩 (Horn) 海角时喝掉了 2 瓶，另外 2 瓶是在绕过好望角时喝掉的。"

波涛汹涌的海水（海风与海浪），亨利 · 布鲁克曼（Henry Brokman, 1868—19330）作。

夜：月光下的海港，约瑟夫·维尔奈（1714—1789）作。

CHAPTER 5

第 5 章 关于葡萄酒与大海的记忆

Le Vin & la Mer

一个毋庸置疑的事实是，葡萄酒的世界与大海的世界曾经是那样紧密地联系在一起，人们通过追忆船只和航海人物的名字拾遗葡萄酒的故事。我们的发现还远远没有穷尽历史，希望这些努力可以抛砖引玉，以帮助后人重新勾勒出这两个世界之间的联系。

我们刚刚离开海盗的话题，是为了此时可以再次把它捡起。在波尔多的那些名人中，有些人的名字以不一样的方式响彻在海员们的耳畔。毕竟，他们的名字就是对声名远播的葡萄美酒的赞美。

这其中就包括都夏美隆酒庄（Chateau Duhart-Milon-Rothschild），这个波亚克产区的顶级四等酒庄！1962年，罗斯柴尔德（Rothschild）家族[1]，最负盛名的“拉菲”（Lafite）的主人，拯救了这座酒庄。这一地区曾经一直以出产口感坚实硬朗、丹宁味较重的葡萄酒而著称，这或许正应和了酒庄的前庄主、一名17世纪的海盗的形象，是他以自己名字的一部分命名了这座酒庄。都夏（Duhart），硬度(Dureté)已经显现在这位逃逸到波尔多避难的巴斯克人的姓氏中。味而多（petit Verdot）[2]葡萄品种在当时占很重的比例，所以可能导致了葡萄酒的质地比较坚硬，这样的比重虽然少了些许浪漫情调，但是或许更贴近真实的情况。如今，这个顶级产区的葡萄品种更加经典（58％赤霞珠、22％梅鹿辄、20％品丽珠[3]），这里出产的葡萄酒拥有无可比拟的细腻和浓郁的芳香。

让我们换一个河岸，渡过多尔多涅河（Dordogne），来说一说海盗雅克·卡侬（Jacques Kanon，1726—1800）的故事。作为三桅战舰的原海军中尉，他在1760年购买了一块葡萄产地，这块土地后来

[1] 罗斯柴尔德家族（Rothschild Family）是欧洲乃至世界久负盛名的金融家族，号称欧洲“第六帝国”。

[2] 味而多，Petit Verdot，曾用名魏天子。一直被认为最早种植于波尔多的西部，在Médoc地区十分流行，是一个比赤霞珠还要早出现的葡萄品种。

[3] 赤霞珠（Cabernet Sauvignon）、梅鹿辄（Merlot）和品丽珠（Cabernet Franc）是法国三大葡萄酒品种，用以酿制红葡萄酒。

海岛和船长们经常成为了葡萄种植者和商人。波尔多港，欧仁·路易·布丹（Eugène Louis Boudin, 1824—1898）作。

成为了与其同名的一座庄园宅邸。在几经修缮和施工之后，这座路易十四时期的迷人城堡砌起了掩映着葡萄树的外墙，这堵外墙至今仍然作为一个时代的绝佳见证人而屹立在那里。卡农城堡（Château Canon）是圣埃米隆 (Saint-Émillion) 顶级产区的顶级一等 B 类酒庄，这个绝顶酒庄是从海军的最好资源中融资而诞生的。但是我们不能确定，当雅克朋友得知这座酒庄已经好几年由一位英国人所有之后，他在九泉之下是否会感到十分震惊。

顺着河流，现在应该靠近波尔多了，然后我们要沿着加龙河的逆流河水越过波尔多到达格拉夫地区的顶级酒庄，卡尔邦女（Carbonnieux）庄园。这一产区是极其古老的格拉夫产区中最古老的一个，它的葡萄园铺展在波尔多葡萄酒的发祥地，那里有一段海盗的历史等待着我们聆听。这座庄园建立在 14 世纪末期，大约 1380 年，它属于波尔多救济院，然后又归属费龙（Ferron）家族，这一家族在 1519—1741 年是（Guyenne）议会的参议员，然后庄园又卖给了圣十字（Sainte-Croix）修道院的本笃会[4]僧侣，而 19 世纪时期又由

[4] 本笃会，bénédictin，是天主教的一个隐修会，又译为本尼狄克派，是在 529 年由意大利人圣本笃在意大利中部卡西诺山所创，遵循中世纪初流行于意大利和高卢的隐修活动。

布舍罗 (Bouchereau) 家族接管，离我们最近的主人则是培汉（Perrin）家族。在 18 世纪，圣十字修道院的本笃会僧侣们第一批开发了白葡萄品种的种植。他们取得了巨大的成功，于是在短短几年内，他们就将卡邦女庄园中的葡萄酒运往世界各地，甚至运送到了那些伊斯兰教法律禁止使用发酵液体的地区。

葡萄酒应该是由穆斯林后宫中最为受宠的苏丹王妃引进到君士坦丁堡的，这是一位美丽的波尔多女郎，她被一名阿尔及利亚海盗在加龙河河口劫持，并作为礼物进献给苏丹王，以此来表达一名红胡子海盗的后裔对国王的诚挚敬意。苏丹王成为了善良神父们的客人，神父们为了挽回形象，将他们的白葡萄酒命名为“卡邦女的矿泉水”，而这种水据说能安抚后宫姬妾喜怒无常的神经。我们可能要求一名本笃会信徒去信奉《古兰经》的教义规范吗？况且以酒代水难道不比拿水冒充葡萄酒更好吗！从传说到现实其实只有一步之遥，最精明的是那些还能够从海盗和苏丹王的故事中提取出道德教训的人！

传说不计其数，人们很难从中去伪存真。这种情况还发生在龙船酒庄 (Chateau Beychevelle) 的名字上面，这个酒庄在 1885 年被评定为顶级酒庄四等，它坐落在圣朱力安 (Saint-Julien) 产区的最南部，属于非常著名的圣朱力安龙船市（Saint-Julien-Beychevelle）的一部分。这座宅邸的主人不断更迭，其中包括了海军司令、公爵、部长、银行家和海员，然而庄园脚下的加龙河仍一如既往地流淌着。这个大海的延伸部分与海潮的节奏一同律动，在翠绿的平原旁边，这条河流诠释了当地那句如此贴切的谚语：梅多克的顶级产区都注视着河流——我们所说的当然是“葡萄产区”。

起初，龙船只是一个很小的港口，如今几乎已经看不到了，它和其他港口一起连接并维持着葡萄园和波尔多之间的河道贸易。

如果说龙船（Beychevelle）在加斯科方言中意味着“降低船帆”，那么关于这个名字的起源会引起不小的争论。这里存在着各种不同的传说版本。其实在埃普龙（Éperon）公爵来到这里之前就有了龙船这个名字，所以人们不能确信它只是一个简单的对公爵表示尊重和敬意的象征。这位公爵是一个著名的海军司令，他是受到亨利三世宠爱的第一公爵的第三子，步兵部队的将军，他在 17 世纪的时候是多处住宅的主人。

最实际，或许也是最真实的解释是，纪龙德河或加龙河的一条湍急的河流可以让挂帆或不挂帆的船只从河口向龙船行驶，或者从波尔多向龙船航行，当然这要根据潮水的走势来决定。自航驳船或舰艇在等待随后而来的潮水时抛下船锚，并且在必要情况下，放松船帆。

在龙船的命名问题上，伯纳尔 · 吉奈斯特（Bernard Ginestet）提出了其他两个可能。对于小型船只来说，在他们取道小水流或其他运河时必须要降下船帆。但是，这并不是龙船溪流的情况，因为这里更确切地说是一个装船港口，而非其他别的什么地方。第二个假设是：英国国王的特使要对所有沿纪龙德河逆流而上的船只征收税费，这相当于掌管了到达圣朱力安（Saint-Julien）的通行权。鉴于纪龙德河河面十分宽阔，这个假设看起来也不成立，因为在那个时代，不太可能随便一个人就有权拦截一艘船只，尤其还是为了征税！

在经过庄园的时候降下船帆已经不再是强制行为。龙船酒庄上的标志让人们回想起过往的习俗：商标上画着一艘船首为狮身、鹰头、鹰翼怪兽的轮船，这头怪兽是天赐葡萄酒的保护者，这艘船的船帆降下，装饰着葡萄和葡萄叶。但是还有很多东西保留了下来。在龙船，葡萄园种植在东西向的主轴上，目的是让从西而来的主导风吹拂到葡萄园中，既让空气流通又不至于摇曳葡萄树，因而起到温和的净化作用。

无论海上发生了什么，龙船最终还是保留了下来。1811 年，丹尼尔 · 盖斯杰（Daniel Guestier），这位有经商头脑的海军官员买下了圣东日的一片咖啡种植园，然后在他儿子的帮助下，买下了龙船酒庄。他与沙桐地区的批发商联合起来，在他晚年的时候重新找回了对水和大海最初的热爱，在加龙河、多尔多涅河与纪龙德河上开始了航运服务。

1943年，亚历山大·科尔波侯（Alexandre Corporeau）被任命为这一产区的管理人：他以前曾是一名海员，是海军部的编辑！

埃玛尔·阿什耶·弗尔德（Aymar Achille-Fould）在1970年接管了龙船酒庄，那时他作为印度支那的海军官员刚刚开始自己的事业。在离开皇家海军之后，他已经从他的海上职业生涯中获得了十分有帮助的人脉网。作为高档红葡萄酒的葡萄种植者，他把自己形容成一个“航海老手”。作为国会议员，他能够保护梅多克地区的葡萄种植业的利益，并且他从胜任这一职务以来就再也没有被替换过。

从此，配备着法国顶级年份酒（Grands Millésimes）的团队开始掌舵船只，他们的演讲里都会借用航海词汇：虽然在小年份遇到暴风雨，但是葡萄酒仍然需求量很大。当风向有利时，人们甚至能够打破纪录。为了让这段历史永留史册，庄园的次级葡萄酒贴上了一幅画着一艘远洋三桅战舰的标签，它表现出那些军舰在几个世纪以来将葡萄酒从梅多克运往英国和荷兰的场面，而人们将这种次级葡萄酒命名为龙船的海军司令！

我们突然就会想到，在葡萄酒与大海之间只有一段古老的回忆，一段已经完结的历史。没有关系，葡萄酒是关乎激情的。激情在大地和大海上都永远不会消退。福罗黎黛(Floridène)（格拉夫产区）酒庄的标签就展示了一艘古老的帆船，表现了酒庄庄主对帆船的热爱。葡萄酒酿酒学的著名教授，德尼·迪布尔迪约（Denis Dubourdieu）就用福罗黎黛这个新词创造了品牌的名称，福罗黎黛就是两个名字的结合，一个是他的妻子福罗伦丝（Florence），另一个就是他自己的名字，他用这种方式让葡萄酒和大海的历史不断地延续。

即便两海间(Entre-Deux-Mers)[5]产区是法国葡萄种植的最大地区，波尔多并不是唯一一个旗帜鲜明地展示出与大海联系的地区。在更南边的地方，为了得到“狮子湾沙滩葡萄酒”（Vin des sables du Golfe du Lion）的称号，葡萄酒必须用在沙丘沙质土地上种植的葡

[5]两海间（Entre-deux-Mers）位于多尔多涅河与加龙河之间。

戴斯船长（Desse）对暴风雨中的荷兰帆船哥伦比亚斯号（Columbius）尽忠职守，让安托尼·泰奥多尔·居丹（1802—1880）男爵作。

萄树的果实酿造而成。这些沙土来自罗纳河、大海或伊奥利亚沿海地区的一些明确的市镇：埃罗省（Hérault）有弗龙蒂尼昂（Frontignan）、马尔塞扬（Marseillan）和塞特市；加尔省（le Gard）有艾格莫尔特（Aigues-Mortes）、格罗-迪鲁瓦(Grau du Roi)；罗纳河口省（Bouches-du-Rhône）则有圣玛丽海滨（Saintes-Maries de la Mer）。在罗纳河河口和阿格德海角之间的沿海沙质海岸线上出产的葡萄酒受到了来自海洋的微气候的恩惠，由此便引出了当地的一个逻辑三段式：没有大海就没有沙滩，没有沙滩就没有葡萄酒，所以没有大海就没有葡萄酒！这句话可以作为我们这部作品的高潮了。

直到根瘤蚜危机之前，白玫瑰干白（Picpoul de Pinet）葡萄酒在地中海和托海的港口的贸易非常活跃。白玫瑰葡萄酒的负责人经常提到两种元素——葡萄酒和大海——在广告口号中的结合："大海，就是她的产区。"或者"白玫瑰干白，大海的葡萄酒"；最后还有"地中海和白玫瑰干白，谁也不能把它们分开"。

即使远离海岸和浪花，大海的存在意义也彰显无疑。阿尔萨斯的葡萄园主们在追逐大海时会高举起他们的白美人们，把他们的顶级葡萄酒放在翻滚的浪尖上："大海爱我。"希尔瓦那（Sylvaner）、雷司令（Riesling）、白比诺（Pinot Blanc）[6]。纵然是鱼儿、贝壳和甲壳也无法抵抗顶级白葡萄酒的细腻和优雅！

除了我们在第一章中着重提到的船舶下水仪式，30 年来，许多起泡葡萄酒的品牌都特别赞助过帆船或者远洋邮轮和简易赛艇的比赛。在这个市场运作的最初，我们可以看到古睿（Kriter）或者查尔斯哈雪（Charles Heidsieck）公司以及它们编过号的船只，显示出

[6] 以上三种都是法国著名白葡萄酒。

人们连接这两个世界的持续的热情。

法国在十分遥远而令人惊奇的地方拥有自己的国境线。在克尔格伦（Kerguelen）群岛[7]上可以说出的 1 365 个地名中，梅多克湖特别值得一提。实际上，在法国本土港口消耗的葡萄酒中有一大部分都来自这个半岛。梅多克湖毗邻卢祖（Louzou）湖，后者的名字代表着布列塔尼的葡萄酒！可以断定，伊夫斯·约瑟夫德凯尔盖朗·特勒马勒克（Yves Joseph de Kerguelen de Trémarec），这位地地道道的布列塔尼贵族，他自己一定也非常喜爱波尔多葡萄酒，同时也毫无节制地饮用卢祖葡萄酒。

[7] 克尔格伦群岛，南印度洋南部上的火山群岛。在南纬 48° 30′ —49° 30′ ，东经 68° 42′ —70° 35′ 之间。1893 年，被法国占领，1946 年改为法国的海外省，大部分耕地为法国种植园主所有。

地平线上的一艘帆船，爱德华·莫朗（Edward Moran，1829—1901）作。

关于大海的记忆

Le Vin & la Mer

大海承载了那么多，承受了那么多，最后，她需要带着妒意地为自己留下些什么，让那些葡萄美酒尘封在海底，再也见不到天日。但是求知欲旺盛的人类，有时还带着些贪婪，却留恋着那些回忆，不停地搜寻遇难船只的遗骸，和那些被海水吞没的古老船身。因此，被遗忘的宝藏终于得以重见天日。

在古代，贸易交换在希腊人，而后是罗马人和高卢人之间展开，其中葡萄酒贸易十分频繁。那些海员们无论是多么敏捷的航海能手，如果遇到海上风暴的威胁，都不敢远离海岸，而是在一个狭湾中躲避风浪。尽管如此小心谨慎，有些船只还是没能逃脱厄运，它们的遗骸时至今日仍然静静地躺在大海深处。

有很多遇难船只的残骸沉落在地中海海域。在这些残骸中就有大贡卢埃（Grand-Congloué）号，它是在20世纪50年代由古斯图（Cousteau）率领的探险队从马赛的锚地中发现的。但是科学家花了至少25年的时间才明确了两块部分叠落在一起的残骸，它们的年代相差很远，将近1个世纪：

——第一个残骸可以追溯到公元前2世纪，其中包括了400个双耳尖底葡萄酒瓮，和7 000多件餐具。

船难，罗德堡的雅克·菲利普二世（Loutherbourg Jacques Phili-ppe II，1740—1812）作。

——第二个残骸年代更为久远（公元前2世纪末或公元前1世纪初），人们在其中发现了许多伊特鲁里亚（即现在的托斯卡纳地区）的酒瓮。海上考古学家们在好奇心的驱使下从海底挖掘出了这些物件，它们极大地丰富了当地的博物馆馆藏。这些经过分析检验的遗物可以让人们更好地通过葡萄酒运输来研究经济的循环和流通。除非有些文物已经在海底老化而无法得出有效的结果。

在阿姆斯特丹海域，20世纪末，一些海洋考古学家在一艘18世纪的沉船的船舱中发现了一些夏朗德比诺甜酒、白兰地和来自蒙巴奇亚克（monbazillac）产区的葡萄酒。这些1742年的葡萄酒让那些受邀记者们感到十分震惊，它们不仅可以饮用而且味道绝佳。

20世纪60年代，在波罗的海的海底，人们从延雪平号(Jonkoping)货船中发现了一些1907年产的哈雪香槟（Heidsieck）。德国的一只海下鱼雷于1916年11月3日在波的尼亚湾（Golfe de

Botnie）击沉了这艘货船，事发地点在芬兰城市劳马（Rauma）前方，它是这一地区的经济肺枢和贸易中心。

从瑞典的加维亚（Gavia）出发，延雪平号要在这个港口卸载商品，这是1916年唯一一个可以将货物进口到俄国的港口。然后，这些箱子会通过火车再被运送到圣彼得堡。

1997年，一个瑞典潜水员，彼得·林德伯格（Peter Lindberg），通过对遇难船只5年的研究，确定了其残骸地点是在65米的海下。他的报告中清晰地罗列了运输货物的明细：42 000升桶装白兰地（也有人说是36 000升），16 000瓶香槟，其中3 000瓶喜宴香槟（Heidsieck&Co Monopole）（其中的2 400瓶被打捞上来，被评价为具有"美式口感"），5 000瓶雪莉酒（Xérès），67桶红葡萄酒。

一个叫做彼得·弗里克曼（Peter Fryckman）的芬兰人要求收回这些宝藏，因为他断定这些船货属于他的祖父，一位葡萄酒和烈酒批发商，他曾与沙皇尼古拉二世的宫廷有贸易往来。

1998年6月4日，两艘瑞典和芬兰船只在大海中央虎视眈眈，要争夺沉船的归属。装备优于瑞典人的芬兰人打捞上了18瓶受到评论界追捧的葡萄酒。而瑞典人总共打捞上2 400瓶。上天给了他们公道。

只有香槟酒才能从意外的沉默中幸存下来，这是因为它的酒瓶内壁十分厚实，能够抵抗重压。打捞上岸的第一批瓶装酒初尝起来味道不错，而香槟则质量卓越。天气的频繁变化影响着整个船货能否顺利浮起。这项打捞计划在1998年7月结束。

据专家克罗德·马拉吉耶（Claude Maratier）所言，香槟在50多年的休息过后仍然保持着清爽和苹果的香气。4摄氏度的海底温度形成了十分理想的冷冻保温环境，没有温度的变化，也没有地势的震动（没有穿梭的火车，也没有地下铁），湿度保持恒定，如此完美的储存条件！瓶子的性能和抗外界压力的能力最终成全了这个奇迹的发生。

在格兰尼·斯皮格勒（Glenn Spiegel）看来，香槟葡萄酒一直处

于一个“活力悬置的状态”，他得到了这种葡萄酒在加利福尼亚的专卖特权。

对于劳伦·达文那（Laurent Davaine）来说，从海水中救出的香槟酒有一种10年香槟陈酿的味道，气泡甚至更活跃，且香气远播。将它运送到法属安的列斯群岛供人品尝的途中并没有剥夺它香气宜人的品质。

香槟在口中的回味很绵长，它的确是一瓶好酒。1996年这瓶酒在拍卖会上拍出了约3 000欧元的高价。这样品质卓越的香槟赢得了许多财富，可是装在木桶中的酒却令人们感到失望。实际上，人们从木桶里只能找到令人作呕的鸡尾酒或者白兰地，以及海水。

从圣马洛遥望遇困帆船，让·弗朗索瓦·于（1751—1823）作。

1912年4月14日，泰坦尼克号的沉没成为了海洋史上最著名、最严重的一场灾难。从此，这艘船就静静地长眠在北大西洋沿岸海域深达3 800米的海底。

在20世纪末期，也就是80年之后，在法国海洋开发研究院的支持下人们开始进行搜索工作，将带有可移动机械臂的遥控自动装置和潜水艇潜入4 000米深的海下。一位保护者兼革新者，史蒂芬·潘尼克（Stéphane Pennec），找到了各种各样的零件，记录并编目了6 000多个打捞上岸的物件，其中就包括瓶装葡萄酒。那些安祥地躺在海下的葡萄酒受到大约400巴[8]的压力而瓶塞塌陷。因此，美酒消失了。而香槟酒的情况就不一样了。酒瓶塞子上的被细菌侵袭了的铁丝封口随着时间的推移而风化了。在几十个从海洋深处找回的葡萄酒中，有3瓶冒着气泡的葡萄酒是被完好无损地打捞上来的。

史蒂芬·潘尼克还回忆起打捞上来的1小瓶金葡萄酒，它放在试验室的桌子上，刚刚开瓶泄压的那一刻还冒出了几个仍然香气扑鼻的气泡：在这一刻人们难掩内心的激动心情，他们为那在海底沉落多年而重新焕发的生机而动容！

毫无疑问，泰坦尼克号在海底的深渊中拥有一个精美绝伦的酒窖：我们能够有朝一日重新一窥她的尊容吗？在1987年的夏天，许多仍然塞住瓶塞的香槟酒被打捞上来。其他成千上万瓶葡萄酒仍然在深达3 800米的水下，仍然尘封在“永不沉没的轮船”的葡萄酒酒窖中！

那样多的探险经历和品酒体验当然也唤醒了专业人士们的好奇心。难道大海会对葡萄酒有积极有益的效果吗？让－路易·萨冉（Jean-Louis Saget），一个卢瓦尔河畔布衣（涅夫勒省）（Pouilly-sur-Loire，Nièvre）的充满活力的葡萄园园主就想出了一个别出心裁的点子，把他的葡萄酒放在海洋深处，来研究它的味道和口感的变化。

一些来自同一产地（布衣芙美，长相思）（Pouilly-Fumé，Sauvignon）的葡萄酒一半被放置到酒库，一半被沉入海底，目的是在几年之后将它们进行对比。

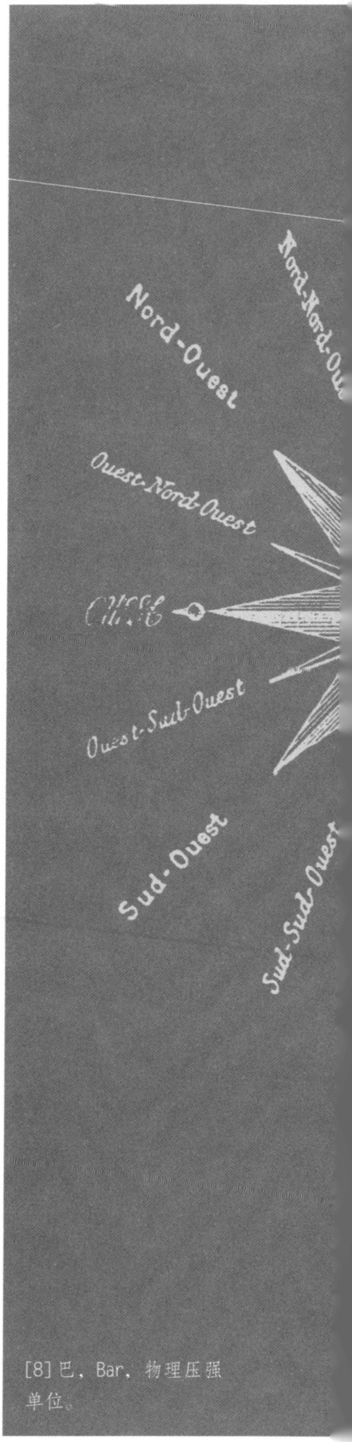

[8] 巴，Bar，物理压强单位。

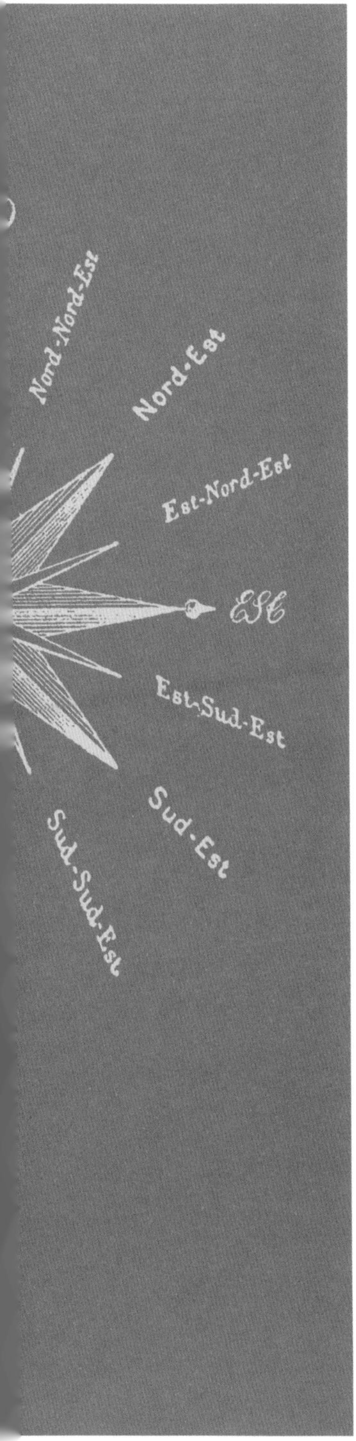

一些打了蜡的葡萄酒被浸入努瓦尔穆杰（Noirmoutier）海域20米至30米深的水下，从1995年到2000年都静静地躺在大西洋的中央。

一些“主观的”专业人士（记者、酒务总管）和另一些“客观的”专业人士（酿酒工艺学家）分别进行了品鉴，人们发现：

—— 海下贮存的葡萄酒有着更加年轻的口感和味道；

—— 海下葡萄酒的亚硫酸盐含量更少，保存更加持久；

—— 没有发现钠元素和海水中的碘元素对葡萄酒产生有害影响；

—— 二氧化碳的浓度高于相同的“陆地”葡萄酒，意味着酒的味道更为新鲜。

如此具有说服力的经验让日本的促销员们发起了在海下建造酒库的计划，目的是服务那些餐厅里的顾客们，让他们在自己的周围可以看到贮藏在“保鲜酒窖中”的葡萄酒——这里指的是水族馆！这个富于诗意、雄心勃勃、别出心裁的计划因为其高昂的成本还没有付诸实施！

因此，将葡萄酒浸入新鲜的咸水中可以延缓葡萄酒的老化，并且无损于它的美味。我们需要进行核实：这样的尝试是值得的！

享乐至上的水手们一日或一生的停靠站

CHAPTER 6

第 6 章

岛屿和葡萄酒

Le Vin & la Mer

地中海上的近海运输

Le Vin & la Mer

我们时常会惊讶地看到葡萄树在意想不到的地方顽强地生存了下来。没有人会对历史上那些著名的葡萄园感到惊讶：塞浦路斯、西西里、科西嘉，还有撒丁岛。历史在辅佐它们，毫无疑问，即便是灾难的降临和种植的方式改易，葡萄园在这些地方都维持了下来。

但是，对于享受夏天和游轮的海员们来说，能够登上一些出产不知名葡萄酒的岛屿总是一件十分开心的事情。有时候这些不知名的葡萄酒还更靠近那些小岛，人们可以尽情探索一个葡萄树亲近大海、果实和浪花的地方。

地中海为这趟环法旅行增添了光辉。我们从戛纳出发。在列横（Lérin）群岛上，我们要找的不是那个最靠近海岸、面积最广阔、拥有许多葡萄藤的圣玛格丽特（Sainte-Marguerite）岛，而是面积只有它二分之一大的圣奥诺阿岛（Saint-Honorat）。僧侣们在那里保留了上千年的种植传统。人们在中世纪找到了它存在过的痕迹，那时的士兵们割断葡萄藤来取暖，这大概引起了僧侣们的不满。史料记载了一个当地港口，人们把它称作“葡萄藤港”！

公元 400 年至 410 年建立的修道院如今是一个由来自塞侬克（Sénanque）的无玷始胎（Immaculée Conception）西多修道会主持的岛屿修道院。在这里，僧侣们在一些专业顾问——葡萄酒酿酒师、

水文地理世界地图（副本），让·戈拉尔（Jean Guerard）作。

葡萄园种植者或者餐厅老板——的友好指导下维护着 7 ~ 8 公顷的葡萄园 。

在这个新的框架下，昔日的向天祷告变成了今日的劳动者在大地上辛勤劳作，每一个修道士都会根据他的能力而被赋予一项职责：酒类总管、酒库主人或种植主管。

僧侣们用生物方式来耕耘这片葡萄园。葡萄园的岛屿特点以及海浪的影响为葡萄酒赋予了令人惊奇的新鲜感觉，它们并没有被骄阳压垮。红葡萄酒的葡萄品种有希拉（Syrah）、比诺、幕维得尔（Mourvèdre），白葡萄酒的品种有霞多丽白葡萄和白克莱尔特（Clairette）。比诺和霞多丽是西多修道会地区而非地中海地区的两个典型的葡萄品种，但这就是上帝的旨意！

在修道院葡萄酒品牌上（Monastic）可以看到高品质标签，而暗含着碘味的葡萄酒都拥有伟大的精神人物的名字：

• 圣－皮埃尔白葡萄酒，散发着八角茴香的香气。
• 圣奥诺阿、圣索维 (Saint-Sauveur) 红葡萄酒，它们有着桉树叶的口感。

我们在这个地中海岛屿上可以找到独特的馨香。

因为它们的独特和品质，很多具有乡土风情的著名餐桌都在寻找它们，甚至连那些在上帝的旨意下远离这座岛屿的人们也不例外。

因为地理位置而成为水手、因为使命而成为葡萄园主的僧侣非常有理由将双眼望向天空。就像保罗·克洛岱尔（Paul Claudel）所强调的那样："列横群岛就像一小段经文，永恒将它完全包裹起来。"

↑ 1432—1437，圣格雷瓜尔（Saint Grégoire）在瓦伦迪尼安（Valentien）、森普利西安（Simplicien）和奥诺阿（Honorat）面前写作。关于圣贝诺的作品集，让·德·斯塔维洛（Jean de Stavelot）作。

→黄金群岛，耶尔湾群岛，亨利·埃德蒙·科洛斯（Henri Edmond Cross）作。

然后让我们向东航行，来到 Cros 港，葡萄树在这里生存了一段时间，但后来却消失了。大革命险些对这座葡萄园造成致命伤害，而它在大革命之后着实经历了一个突然的腾飞。1851 年，一个新庄主为了居民们的最大福祉，决定种植桑树和葡萄树。用稻草和葡萄枝蔓生火，以及我们这个时代对便捷的需求和种种限制，这一切导致了这个岛屿上再没有葡萄酒出产。

但是不要紧，保尔克莱勒岛（Porquerolle）就在大约 200 米远的地方。它是耶尔湾（Hyères）的黄金群岛（îles d’Or）中的最大岛屿，长 7 公里，宽 3 公里，也是人口最多和游客最多的岛屿。这个岛屿有着每年 300 多天的艳阳天，它享受着温和的气候，气温计在这里很少会降到零摄氏度以下；它在夏天因为海风的吹拂而变得清爽，海风是经典的温度方向盘。由这一地区的葡萄种植区组建的葡萄者之杯号（Vignerons’s Cup）是一艘航行于耶尔湾和保尔克莱勒群岛之间的赛艇，它在不同赛季的比赛都成为了这个岛屿上的美好时光。并且如果有必要的话，它们会展示出葡萄种植者们对自由空间的依恋。

如果说如今的村庄是在 1820 年建立的，那么直到 1912 年，一

个新买主才开始进行大面积的农业工程，其中就包括 200 公顷葡萄园。它产出的葡萄酒带有法定产区“普罗旺斯海岸”（Côtes de Provence）的标志。1915 年，这个人去世后，产区分成了 4 个部分，对应着岛上的 4 个平原。3 个葡萄种植区存活了下来，并且投入到生态保护的行列，成为了国家植物园的一部分。

如果说岛屿的四分之一从此属于国家，受到国家的保护，那么葡萄园就形成了一种混合栽种方式：轮番种植松树、扁桃树、无花果树、橄榄树。这样的种植方式为驾船爱好者和喜爱葡萄酒的人们带来了无限的乐趣。他们必须在这里停下来：抛下船锚，享受茅屋和餐馆所带来的许许多多的美味。

从上至下：
安比兹岛
保尔克莱勒岛

再往东走，在狭海湾的正前方是安比兹（Embiez）岛。保罗·理查尔（Paul Richard）在 1958 年将其买下，在那里重新改建了坐落在岛屿南部、1902 年兴建的小型葡萄园。他在果园、无花果树林和橄榄树林中间，出产一种日常餐酒和一种法定产区普罗旺斯（Provence）的葡萄酒。

从 1998 年起，人们开始进行一些浩大的工程，10 公顷的葡萄园收获了高质量的回报。白葡萄品种有白玉霓（Ugni blanc）和长相思，红葡萄酒的品种有：神索（Cinsault）、歌海娜、梅鹿辄、赤霞珠和希拉。玫瑰红葡萄酒是这里的拳头产品，它的碘味口感得到避暑者和驾船游玩者们的喜爱，而这些人是当地游客的中坚力量。

在密斯脱拉风（mistral）[1] 的吹送下，我们的旅行可以乘着顺风延伸到下一个紧靠的海岸。班多尔（Bendor）岛拥有一座同样属于里查尔公司的博物馆，里面收藏了 8 000 瓶葡萄酒和水晶玻璃制品，它们都陈列在以葡萄酒和酒精为主题的常设展厅，这些酒类的装饰均由美术学院的校友们绘制。

[1] 法国南部及地中海上干寒而强烈的西北风或北风。

我们从布列塔尼出发进行一次远洋航行。从北向南，布列塔尼沿海岛屿上的葡萄园有着迥然各异的结局，最北方的葡萄园已经不复存在了。这就是美丽岛的情况，那里的帆船爱好者们只能与葡萄园的记忆擦肩而过，只能在树荫下留恋那装饰性的葡萄树！尽管富凯（Fouquet）[2] 曾经买下了这片葡萄园，并且遍地种植葡萄树，但他只是在很远的地方远程管理它。在此期间，路易十四又买下了这座岛屿，布列塔尼则被更加风调雨顺的地区所供养。

[2] 尼古拉斯·富凯（Nicolas Fou-quet，1615—1680）路易十四时期的法国财政大臣，贝勒岛侯爵。

雷岛（l’île de Ré）

向南航行，我们会达到雷岛，它是一片种植葡萄园的土地，葡萄酒桶的声音回响在岛上。在拉福罗特市（La Flotte）附近，人们于 1852 年发掘出了一个青铜罐子，它的盖子上画着一位年轻的巴库斯酒神，这个罐子的年代可以追溯到公元 3 世纪，但是没有迹象表明那个时候已经有葡萄树存在了！

在诺曼底人入侵以后，岛上变得荒无人烟。自然重新占据了主导：旷野、森林、枝蔓欣欣向荣地生长在这座岛屿上。葡萄树大约在 11 世纪或 12 世纪出现，那时雷岛和沙特拉永（Châtelaillon）的领主埃布勒·德·莫雷墉（Eble de Mauléons）赠予了僧侣们一些土地，让他们在西都（Cîteaux）一处叫做“布雷耶·查德里”（Breuil Châtelier）的地方建立一所当地的修道院。

起初，现存森林的开垦是为了满足岛上居民对农业土地和葡萄种植的需求。正如在欧尼（Aunis）一样，雷岛生产的红葡萄酒以其葡萄的品种“绍谢”（Chauché）命名。这种葡萄酒起初十分流行，但是因为收益甚微而衰落。在 12 世纪末，由于商业贸易的繁荣，人们修建了一个被命名为“葡萄酒港”的新港口。这座岛屿直至 1627 年才明确了自己的葡萄种植目标，它在圣马丁（Saint-Martin）上任领主后达到了鼎盛时期。布列塔尼通过交换小麦来购买岛上出产的葡萄酒。

在 17 世纪，北方国家进口食醋和白酒，把它们当作饮料来喝！

↑雷岛圣马丁。

→雷岛上的圣马丁城堡位置，1625 年。

1702 年的进口量据说有 40 000 桶。

如果说在一个世纪的经济萧条之后，雷岛人热情地迎接了法国大革命，但是他们中的大多数人很快就厌倦了大革命中的过激行为和种种限制，特别是其中的反宗教观点，冲撞了他们的信仰和祖先流传下来的习俗。另外，在他们的海岸发生的战争成为了他们最担忧的事情，同时也成为了他们最有义务参与的事件。

优先权曾经为雷岛人的生活条件起到了很有利的影响，但是特权的取消导致了非常严重的后果。实际上，以往运往国外的包括葡萄酒在内的商品无论是到港还是出港一律免税，免税政策的取消让雷岛人民的贸易开始走下坡路。作为其主要顾客群体的北欧在同样的条件下就不会再贮藏这里的食物了。

在之前几个世纪的相对繁荣之后，19 世纪成为了雷岛衰落的一个世纪。

岛上的居民们同样享有为国王军队服役的特权，但这种特权仅限于参加那些负责保卫国土的部队。大革命政府及其继任者们为了建设共和国或帝国的军队和军舰来征集岛民。结果就是，这些人逐渐疏忽了堤坝的维修、农业工程、葡萄种植以及制盐业。

从 1811 年 4 月 15 日开始，岛上开始戒严。出口贸易被封锁彻底摧毁了：盐和葡萄酒堆积如山。于是，1802 年采到的盐直到 1817 年才能被卖出！这座岛屿经受的苦难是巨大的，粮食的债务在延长，破产现象也层出不穷。

由于大型船只不能经常往来于布列塔尼海峡的锚地和港口，雷岛的远洋出口贸易即将消失。在 19 世纪末期，只有在沙丘中种植的葡萄树没有受到根瘤蚜疾病的侵袭。

但是在雷岛上，葡萄树牢牢抓住毫无收益的土地。动物肥料的不足导致了那些种葡萄种植者兼海员选择使用天然的材料当作肥料，比如海藻肥或者当地的褐藻，它们可以赋予雷岛的葡萄酒一种含碘的、咸咸的味道。

在洋流的保护下，雷岛的葡萄园被温暖的大西洋湾流抚慰着，每年都能享有 2 600 小时的日照时间，如此长时间的日照可与地中海最美丽的葡萄园相媲美。夏朗德群岛的微环境使得葡萄可以达到最佳的成熟度，甚至对那些更南方的著名葡萄品种也不例外。

像其他地方一样，海洋可以调节气候，化解春天的霜冻。含碘的空气可能会对身心产生危害，在暴风雨频繁的年份里，含盐份的海浪可能会灼烧葡萄叶。一些痕量元素如碘和盐会给这里的葡萄产品带来一种独特性。最好的葡萄地被称为脱钙黏土。幼苗时绑缚起来的葡萄树再次被种植起来，它能够避免海浪效应，从而融入到岛上的优胜美景之中。雷岛的葡萄酒口感新鲜、强烈、轻盈而有力。如果说以前人们主要将其供给蒸馏厂的话，那么如今，它却被人们快乐地饮用着，不要忘记还有它的第一个衍生品——夏朗德葡萄甜酒。

奥莱龙岛（île d’Oléron）

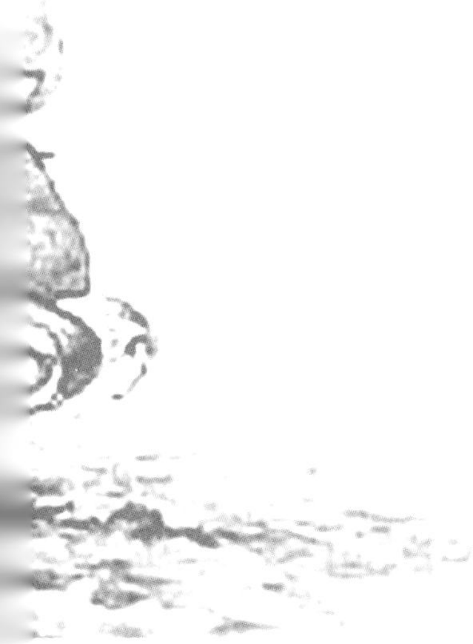

向南航行，法国沿海的最后一个种植葡萄的岛屿在几千米开外的地方等待着我们。奥莱龙岛被认为是法国岛屿中的一位长者。似乎很难判断这个岛上葡萄园是何时兴起的。从公元 910 年开始，奥莱龙岛就被阿基坦公爵领地所收购。它的几任领主都赋予了当地居民各种各样的特权，特别是让他们可以拥有自己的土地，自立遗嘱，拥有自己的财产，建立盐田并且还可以自由地出售他们土地上的产品，主要包括葡萄酒和盐。安茹伯爵杰奥弗里 · 马特尔（Geoffroy Martel）通过一项契约为旺多姆圣三修道院（Trinité de Vendôme）添加了圣乔治教区教堂和城堡天主教堂，这让人们可以料想到这个刚刚起步的葡萄园在善于管理的本笃会修士的领导下会逐渐成为一个可以获益的葡萄园。

奥莱龙岛在12世纪由英国人统治，它见证了葡萄园的成长，并且能够与那些古老的葡萄园一较高下。1212年，让·桑戴尔通过大洋海路引进了30桶奥莱龙葡萄酒，以满足自己的个人消费。

奥莱龙岛的盐沼泽地。

1292年，英格兰国王爱德华一世要求奥莱龙岛的捕鱼代表将岛屿上的小咖啡馆关闭整整1个月，目的是可以毫无竞争压力地销售自己的佳酿。科努瓦耶（Cornouaille）伯爵在第二年收到了一艘满载葡萄酒桶的船。

由于被赋予了种种特权，这座岛屿在商业交流中代表了一个利益中心，因为它可以与国外实行一种自由通商体制。它吸引了来自北方——英国、荷兰、弗兰德——的船只，同时还有带着木材和铁的西班牙军舰等，其中回程的水上运费也因为当地的葡萄酒和盐产品而得到了保证。

1685年，据清点，岛上一共收获了11 356片（quartiers)葡萄树，即4 500万株(pieds)。在奥莱龙岛，第一批蒸馏要追溯到1708年，由布列塔尼人玛尔克·安东尼·勒拜尔顿（Marc Antoine Le Berton）完成，他建立起了一个“设备完善的白酒锅炉房”。

在大革命时期，这里的葡萄园达到了4 260公顷，但是这个躁动的时期抑制了国际贸易的发展。这其中就影响了葡萄园的扩张，而且由于领土的封锁，这种困境变得更为严重。

在19世纪末期，葡萄种植一直是这个岛屿上的第一活动，1826年合计开发的葡萄园达到4 810公顷，1833年其面积达到了5 570公顷。

1868年，财富垂青了这座岛屿。一艘船的搁浅改变了岛上居民的命运。一个双桅横帆船卸载了它的船货——牡蛎，这些牡蛎占领了岛屿，并且给它带来了新的生命。葡萄种植业需要提供一些佳酿来搭配如此美味的海鲜：于是白葡萄酒重返历史的舞台。

1883年，当海盐逐渐被矿盐所取代时，一场灾难压垮了奥莱龙岛的葡萄园。在短短几年的时间里，根瘤蚜蹂躏了这片土地。但是奥莱龙因其海上地理优势，比其他地方更加迅速地重建了自己的葡萄园。

20世纪至21世纪，葡萄园的面积大约800公顷。种植者们成功地联合起来。1960年，5个酒庄汇聚了奥莱龙葡萄园90%的土地，它们在2002年合并成一个机构，正如谚语所说："一个岛屿，一片产区。"

一些奥莱龙葡萄酒的名字借用了海洋词汇：岛屿先生，大海先生，风之露水，这些名字让我们联想到远方的地平线，联想到那些被淹没的梦。

让我们向着好望角和与我们为邻的国土的远方继续探险。让科斯加涅湾和纪龙德省处在我们航船的左边。我们有一个激动人心的想法，那就是去看看纪龙德群岛，其中最著名的是玛尔戈岛（Margaux），她从不会让任何品酒师失望。

马德拉岛（Madère）

[3]亚特兰蒂斯，又译阿特兰蒂斯，在帕拉图的著作和希腊神话等出现的一个神秘地区，一个人类至今无法解答的迷。

让我们向马德拉岛驶去。这些"魔幻岛"在古人看来是亚特兰蒂斯的一部分（Atlantide）[3]，它们为腓尼基人所熟知，在大西洋的中央与世隔绝，距离葡萄牙海岸600多公里，这些岛屿组成了一个火山群岛。葡萄牙航海家若昂·贡萨尔维斯·扎尔科（Joao Gonçalvez

Zarco）在 1418 年发现了它。马德拉岛有着极其肥沃的土地，全岛覆盖着森林，因此航海家将其命名为“森林岛”(Ilha de Madeira)。

在 7 年的交火之后，为了走到森林尽头，葡萄牙人在葡萄牙亲王堂·亨利克（Don Henrique）的命令下种植了来自塞浦路斯和克里特岛的葡萄树。为了取到玛尔维萨（Malvoisie）葡萄品种，这位亲王向马德拉岛派遣了许多艘船只，以便能够与威尼斯人和热那亚人

法国的三艘帆船“忠诚号”、“慕地尼号”、“朱庇特号”在 1711 年擒拿了三艘荷兰商业舰艇，让安托尼·泰奥多尔·居丹（1802—1880）（男爵）作。

[4] 玛尔维萨品种原产于希腊。它在西班牙、意大利、希腊有着很广泛的种植却很少独立酿酒。这个品种的葡萄有着芬芳的气味和温和低酸的口感，如果没有它的存在，不少西班牙和意大利的干白葡萄酒将黯然失色。

竞争贸易。土地结出的果实竟然控制了海上的冲突！

在这些岛屿上如今可以进行梯田上的葡萄种植，这些梯田从海平面一直可以上升到大约 1 000 米左右的海拔高度。而这里的气候显然是受到了温和的海洋环境的影响。

以独出心裁的藤蔓形式组建的葡萄园能够进行其他作物的种植（如土豆、鲜花）。甘蔗则可以帮助在葡萄汁发酵的中途起到抑制作用。

在 15 世纪，马德拉的名字已经以其著名的葡萄酒而名扬天下了，这种葡萄酒是由玛尔维萨（Malvasia）[4] 葡萄品种酿制的。

在 16 世纪，葡萄种植者们提炼了一种柔和的葡萄酒，它让弗朗索瓦一世的宫廷都为之感到欣喜。

这种温和带苦味的葡萄酒被认为对船组人员有抗坏血病的药物作用。于是，起到压舱作用的马德拉葡萄酒成为了它如今的模样。为了海上长途旅行的需要，我们会在其中加入一定剂量的白兰地或者蔗糖酒。人们称马德拉葡萄酒为“一种不会消逝的葡萄酒”。

在 17 世纪，巴西的糖与岛上的糖产品形成竞争。葡萄酒成为了主要的农产品，尽管从理论上讲它的地理条件并不令人满意：山区地形、大气湿度高、漫山遍野青葱翠绿。一些小水渠使人们可以用山顶的水进行灌溉。

马德拉岛风光。

马德拉岛位于非洲环球航线和巴西航线上，它在横渡大西洋运输种植作物方面是一个十分重要的中转站，由此我们也能窥见那个时代多种作物栽培的状况。因为在出海之前要为海员们提供新鲜的食物，所以这也成为了当时实行多种作物种植的一个额外因素。

在 18 世纪，英国人控制

了贸易。英国船只在马德拉岛中转，它们养成了装载一些当地大桶葡萄酒的习惯。1768 年，在第一次驶向南太平洋的旅行中，库克（Cook）船长就装船了 10 000 升葡萄酒。

克鲁兹港。

葡萄酒桶既可以当作压舱物，又可以当作交换的货币，它日复一日地满足着船员们的饮用需求。为了使这些饮料可以在向东方行驶的远途旅行中坚持到底，人们在其中掺入了一些蔗糖烧酒。有时候，一些计算失误或者过于贪图享乐的船长装船的葡萄酒会超过合理的范围。于是，他们回到马德拉岛的时候会再次出售那些喝不掉的葡萄酒。所谓的“从印度归来的葡萄酒”在热带烘闷作用下经过了这趟旅程，竟奇迹般地变得更加香醇。

在这个非凡的成功之后，出现了一段马德拉岛和英格兰之间的名副其实的爱情故事——即使是维多利亚时代的美人们都会在她们的手帕上喷洒马德拉葡萄酒来薰香。

马德拉葡萄酒成为了美洲殖民地上最受欢迎的葡萄酒。它的制作方法适应了当地的环境，一些英国葡萄酒商也定居在岛上：1745 年起是寇萨·戈登（Cossart Gordon），1760 年是李寇（Leacok’s），1811 年布兰地（Blandy’s），1878 年迈尔斯（Miles）。

直到 19 世纪，葡萄酒贸易因为闻名世界而发展起来。英国一直是葡萄酒的主要买主，丰沙尔（Funchal）[5] 的一位领事，亨利·维奇（Henry Veitch）是马德拉佳酿的真正大使，他为马德拉葡萄酒的腾飞作出了很多贡献。同时，还有一些著名的商人如威廉·波尔顿（William Bolton）也对葡萄酒贸易进行了支援和帮助。

20 世纪，白粉病（1852 年）和根瘤蚜病（1870 年）过后，随之

[5] 位于马德拉群岛南部沿海，该岛地处大西洋东侧的洋面上，是马德拉群岛的最大海港。早在 1420 年，马德拉群岛就成为了葡萄牙殖民地，1976 年改为“自治区”。经济上仍受葡萄牙的控制。

而来的禁酒令给了群岛上的葡萄酒种植经济以沉重的打击。

21 世纪，马德拉葡萄酒在其“创始”250 年零半年之后，仍然以同样的方式在随着岁月的流逝而成长。最顶级的佳酿都加入了一些葡萄烧酒，为的是阻止发酵，然后它们被倾注到美式橡木大酒桶中，它们在那里可以一直待上 150 年——对于顶级葡萄酒来说至少要 20 年（酒龄）！

在乡下，人们经常喜欢在太阳下晒酒桶。如今，除了一些极个别的情况，这里的公司都属于原籍英国的家族。

马德拉最著名的四种顶级葡萄酒是：塞尔西（Sercial）、华帝露（Verdelho）、布阿尔（Boals）、玛尔维萨（Malvoisie）。

葡萄酒的出口在丰沙尔港口进行。丰沙尔是马德拉岛的首府，坐落在一个宽阔的港湾内，接待着犹如蜂巢般熙熙攘攘的人群。

兰萨罗特岛。

加纳利群岛

再继续向南行驶，在距离马德拉岛250多公里远的地方就是加纳利群岛，该群岛已经采纳了葡萄酒法定产区的原则。

这里的气候条件并不十分有利于葡萄的种植：气候的干燥、土壤的干旱、撒哈拉沙漠吹来的风磨损着这里的环境。但是，葡萄种植者们使这里的葡萄品种适应了气候，逃脱了根瘤蚜疾病的侵袭……

从16世纪开始，加纳利群岛就因为玛尔维萨温和的白葡萄酒而在葡萄种植业中享有盛名。但是这里仅仅黑雪莉 (Listan noir) 品种就独占了全部葡萄品种的80%，另外还有许多其他附属品种如白雪莉（当地的名称是帕洛米诺 Palomino）[6] 等等。

如今，这个群岛中的两座岛屿都得到了法定产区的级别。特内里费（Tenerife）[7] 是加纳利群岛上第一个享有相当于法国法定产区称号的岛屿，并且之后又得到了群岛上其他地区的认可。

• 塔阁荣特 · 阿森特赫（Tacoronte-Acentejo），是1985年开始被认定的第一个加纳利产区，在岛屿的东北端拥有划定范围的1 700公顷土地，其中大约400公顷种植作物，海拔在200到900米之间。在很多地区，葡萄树仍然被以古老的方式进行耕种：葡萄树根排列成行，每棵树根之间相距6至8米；自至收获季节都直接覆盖在土地上的葡萄藤蔓会在之后被提升到高度约60多厘米的墙上，目的是为了在空闲的土地上种植其他作物……这里出产的葡萄酒3种颜色都有，但大部分是红葡萄酒，它们在酒龄年轻的时候被饮用。

• 伊克登 · 岛特 · 伊索拉（Ycoden-Daute-Isora）包括了1 450公顷肥沃的火山土壤，这片土地排水性能很好，并且质地轻柔。这里有红葡萄酒、白葡萄酒（特别是柔和的玛尔维萨品种）和玫瑰红葡萄酒。法定产区包括了欧洲最高的葡萄园，那些种植白葡萄品种的

[6] 帕洛米诺(Palomino)是一种白色葡萄品种，是西班牙南部赫雷斯(Jerez)地区基础葡萄品种，在产地之外尤其是加利西亚(Galicia)地区，人们通常将帕洛米诺就称作赫雷斯。

[7] 加纳利群岛上的一个火山岛。

从上至下：
兰萨罗特岛上的典型葡萄园。
埃尔米瓜山谷（Hermigua）。

地区海拔高达 1 400 米！

• 吉玛尔峡谷（Valle de Güimar，700 公顷）和奥霜塔瓦峡谷（Valle de la Orotava，600 公顷）是中央山脉两边的地质构造下陷。前者主要种植细腻高贵的白雪莉。后者则出产更加醇化的白葡萄酒，它的口感经常很柔和。另外，也有红葡萄酒、玫瑰红葡萄酒和甜烧酒出产。

• 最后还有阿博纳（Abona），2 200 公顷的种植区组成了岛屿的南部产区。这里的产量特别不定期，主要是温和可口的白葡萄酒。

在兰萨罗特岛（Lanzarote），由于降雨稀少并且出于保护葡萄园不受撒哈拉风侵袭的需要，于是这里便产生了一种十分新颖的葡萄种植方法。火山沙土层在北部产区是 20 厘米，而在中心则可达到两米多厚。葡萄种植者们于是在其中挖掘出许多锥形的大洞，在洞中的葡萄植株有机会接触到下层土壤。另外，挖掘工作还有助于采集同样稀少的露水和雨水，多孔的火山石非常积极地将它们吸收。为了完善抵抗沙漠之风的保护工作，半圆形的、高度约 70 厘米的矮墙围绕起每一棵葡萄植株。法定产区包括三种颜色的葡萄酒，其中玛尔维萨白葡萄酒占据了主导地位。

鹰头狮酒窖（bodega El Grifo）创建于 1775 年，它产出了加纳利最好的温和葡萄酒，马斯喀特 · 德安妮（Moscatel de Ana）。

拉帕尔玛岛（La Palma）拥有大约 1000 公顷的土地，包括了三个典型区域，因而得到了三种各不相同的产出成果：

• 在西南方，丰卡连特——芒夏（Fuencaliente-Las Manchas）一线是玛尔维萨葡萄的特选地，整个加纳利群岛都因这种葡萄而名扬天下。值得注意的是，这些葡萄酒既可以是干涩的也可以是温和的。

白雪莉、瓜尔 (Gual) 和华帝露（Verdelho）使白葡萄的品种更加完整。

• 在东部海岸边缘，埃尔奥约——拉布尔纳斯（Hoyo del Mazo-Las Breñas）一线特别种植以黑摩尔（Negramoll）为基础的红葡萄品种，其中一些因为经过碳酸浸泡，品质脱颖而出。另外，那些玛尔维萨温和的白葡萄品种也值得我们注意。

• 在北部（Zona Norte-Vinos de Tea），用松树木桶来保存葡萄酒，因而使这种葡萄酒的口感十分独特。

耶罗岛（El Hierro）的面积为 280 公顷，是加纳利群岛中最靠西边的一座小岛。因为使用了最现代的技术，它成功地产出了：

• 一些口感有力而厚重的白葡萄酒，十分具有独特性，
• 接近橙色的玫瑰红葡萄酒，具有浓重的水果味；
• 浓烈而鲜红的红葡萄酒。

不要费心去国外寻找加纳利葡萄酒了：游客们已经就地将当地出产的葡萄酒喝光了。

福戈岛（île de Fogo）[8]

作为享乐至上的水手，我们无法抵御一个新的歇脚处的吸引：在佛得角（Cap-Vert）群岛中，福戈岛的葡萄酒等待着我们。

自从 1975 年独立以来，这个国家以其历史和地理位置受到了来自三个大陆的强烈影响，它处在巴西、欧洲和非洲的途中。它是佛得角群岛的一部分，首府为圣费利佩（Sao Felipe）。

在 15 世纪时，佛得角群岛沦为殖民地，而位于圣地亚哥岛

[8] 福戈岛（葡萄牙语：Fogo，意为“火”）是佛得角（Cap-Vert）索塔文托群岛的一个岛屿。它是群岛中海拔最高的一个岛，福戈火山的海拔接近 3000 米。它位于佛得角共和国。其葡萄酒用生长于该火山岛 1600 ~ 2000 米山坡上的优质葡萄和矿泉水酿制而成。长期以来，福戈岛葡萄酒闻名遐迩，供不应求。

波岱拉（Bordeira）

（Santiago）西边的福戈岛也不例外，并且这些群岛的一个突出特点是有一座海拔高达 2 829 米的火山。

肥沃的土壤促进了丰富的农业活动：葡萄种植、棉花、咖啡。葡萄园产出一种非常有名的葡萄酒“曼尼考姆”（manecom），这个酒的出口量极少，是一种果味非常重的红葡萄酒。巴西为自己留下了那些最新鲜的红酒，而其他岛屿的葡萄酒大部分还一直是葡萄牙所产。

曼尼考姆是一种生物葡萄酒，没有任何添加产品，产自卡尔德拉斯（Chã das Caldeiras）的小村庄。红葡萄酒、玫瑰红葡萄酒，还有更特别的福戈白葡萄酒，它们可以搭配佛得角群岛上的鲜鱼来享用。

葡萄园在死火山的山坡上种植。葡萄种植的绿色与白榴火山灰的纯正黑色形成鲜明对比，而葡萄树正是从这灰色的火山岩中生长出来的。

一个来自塞兹河畔巴尼奥勒（Bagnol sur Seize）[9] 的法国人，阿尔蒙·德莫桐（Armand de Montrond）伯爵，在 1860 年远远先于

[9] 塞兹河畔巴尼奥勒，法语 Bagnol-sur-Cèze，法国加尔省（le Gard）的一个城市。

我们在岛上抛下了船锚，他那时只有24岁，因为在一场决斗中落败而背井离乡。他决定在福戈岛上度过余生，这个名副其实的花花公子有着不计其数的后代。他在1900年去世。在福戈岛和卡尔德拉斯，很多人仍然沿用着他的名字。如果想品尝最有名气的“曼尼考姆”葡萄酒，就一定要拜访拉米罗·莫桐（Ramiro Montrond）的家。

↑猴面包树林，穆龙达瓦（Moro-ndava），马达加斯加。

→菲亚纳兰楚阿城。

马达加斯加

下一个中转站让我们与好望角和遥远的海岸相遇，我们来到了马达加斯加岛。“当一个法国人在欧洲以外发现了一种气候、一片土地，它们好像与祖国的土地有些相像的话，那么他们首先想到要种植的，就是葡萄树。”——一个海外行政管理人。

当人们在说葡萄酒时提起了“塔纳”(Tana)，这个声音一定会把我们引向比利牛斯山和马帝宏（Madıran）葡萄酒法定产区[10]，而不是印度洋！然而在塔那那利佛（Tananarive）[11]（Tana 指代周边地区，正如 Jo 指代约翰内斯堡 Johannesbourg），人们从几个世纪前就开始在当地开垦葡萄园。

马达加斯加的葡萄园像全世界其他许多地方一样，其起源都与天主教密切相关，圣体圣事都需要消耗葡萄酒，但是欧洲进口的葡萄酒并不总是容易得到。

第一批耶稣会会士担当的葡萄种植者们在他们的修道院周围种

[10] 法国西南部上比利牛斯地区的法定红葡萄酒产区。

[11] 马达加斯加首都，也是其最大的城市。

塔那那利佛

植了葡萄植株。当时的移民开始效仿他们，也成为了葡萄种植者并取得了成功。这是一片在热带阳光照耀下的全新的葡萄产区！马龙比（Maromby）地区的苦修会士的僧侣们延续了葡萄种植和葡萄酒酿造的传统，这些传统由第一批移殖民首开先河。

渐渐地，一些大型产区在贝齐寮（Betsileo）地区建立，从菲亚纳兰楚阿（Fianarantsoa）一直延伸到安齐拉贝（Antsirabe）。

历史成为了过往。移殖民和传教士们离开了，于是那些被抛弃的土地重新回到了它们的原始自然状态。

在 20 世纪初，尽管人们在地质方面有些担心这片含（三价）铁量过高且酸度偏高的土地，但是一些开发者们成功地"制造"出了葡萄酒。这里的条件远远称不上最佳，其特点是在葡萄结果期缺乏水分，而在葡萄收获期降雨量却非常大。

一个由六百多名农民组成的合作团体（Laz-an' I Betsileo 拉扎尼·贝齐寮葡萄酒）产出了大约 800 000 升葡萄酒。

马达加斯加葡萄酒的保存期不超过 3 年。生产低于消费的情况使得这些葡萄美酒在"过期"之前可以销售一空。

这里出产的葡萄酒包括：

•灰葡萄酒（红色的果实白色的汁水），饮用时一直是搭配当地的肥鹅肝和龙虾。

•白葡萄酒，口味干涩但是充满果香。

•红葡萄酒和玫瑰红葡萄酒，只是一些无关紧要的产品。

如果说农业人口占据了总人口的80％，那么葡萄种植业所占比重却一直是很小的！

马达加斯加的葡萄园占地面积大约600公顷。

首先，虽然从数字方面来看，葡萄种植农民似乎数量庞大，但是他们耕种的是地处边缘地带的葡萄园。葡萄种植在20世纪70年代在瑞士人的帮助下才得到了鼓励，它为岛上的居民赚取了一笔意外之财，他们的确很幸运。

对于马达加斯加来说，一片20公顷的葡萄园组成了一大片封闭的园圃。他们的所有者们企图成为这座大岛屿上葡萄种植和葡萄酒酿造方面的主导者。他们希望围绕着高品质的形象建立一个富有活力的产区，把精力集中在了瓶装葡萄酒上面（越来越抛弃了散装葡萄酒），同时种植一些非混杂的葡萄品种（如味而多、梅鹿辄、希拉、歌海娜、赤霞珠、长相思和密斯卡黛……）。

这些葡萄种植者们指向了两种身份：他们要不然是Zanatany（马达加斯加语，指非殖民化之后留下来的法国人）或者是最近才在此定居的法国人，要不然就是一些原籍中国的马达加斯加人。

最近，蒙德里卡产区（Mendrika）（菲亚纳兰楚阿以南20公里处）酿造了伊阿兰纳尼（Iharanany）葡萄酒，它逐渐地打入了市场。

如今，制造一些“地理”葡萄酒可以成为一种解决方案，而全世界的消费者们（除了禁止混合葡萄酒的欧盟以外）都一定会欢迎这种“带有异国情调的”葡萄酒。

留尼汪[12]（La R é union）

让我们转一个身，过渡到这个小小的中转地：留尼汪岛。这里有西拉奥斯 (Cilaos) 冰斗、山区和高地，还有葡萄美酒相伴。

在留尼汪，第一株葡萄苗木是乘着印度公司的船只漂洋过海而来的，时间大概是 3 个世纪前，约 1665 年。留尼汪坐落在马斯卡雷涅群岛 (Mascareigne)，位于印度洋的中心，距离宗主国有 12 000 千米之遥，它由三个火山冰斗组成，其中之一就是西拉奥斯冰斗。

直到 1850 年，初具规模的葡萄园只限于种植在下风处，在圣保罗（Saint-Paul）和圣但尼（Saint-Denis）[13]之间。圣但尼是酒神狄奥尼索斯（Dionysos）的教名：圣但尼的居民们都叫做“Dionysiens”（即酒神狄奥尼索斯）！

从一开始，所有西拉奥斯的居民都拥有自己的葡萄园，可以酿造自己的葡萄酒，这是手工业者们的经典活动，最近他们又开始种植扁豆。在这个著名的冰斗里，因为当地农民的辛勤劳作，葡萄园生长得十分繁茂。农民们需要在种植苗木之前在没有机械化设备的情况下清走石块和杂乱的根须。

葡萄酒似乎在留尼汪有着很深厚的传统，以至于在西拉奥斯冰斗，1 月 22 日人们会庆祝圣文森节（圣文森是葡萄园的守护者），它标志着葡萄收获的季节开始了！葡萄根协会（Confrérie du Pied de Raisin）会带着大家跳起舞步！

西拉奥斯冰斗景观。

坐落在西拉奥斯冰斗内的同名酒库成立了一个联合会，聚集了当地的葡萄种植者们，他们开垦了大约 8 公顷的葡萄园。2001 年，33 000 多瓶葡萄酒被酿造出来。

当地的条件让人们得到了与生

[12] 留尼汪，印度洋西部马斯克林群岛中的火山岛。法国的海外省之一。

[13] 圣但尼是留尼汪的首都，圣保罗是其第二大城市。

留尼汪岛航拍。

鲜、辛辣和芳香的食物相配的葡萄酒。克里奥尔人[14]钟爱甜葡萄酒。

几年来，葡萄种植开始复兴，随之而来的葡萄的丰收使得这里的佳酿获得了日常餐酒法定产区的级别，这种高质量的法国葡萄酒有三种可供选择的颜色：红、白（软且干涩）、玫瑰红。

冰斗内部有很多小岛（绳岛 îlet à Cordes，格勒鲁埃岛 îlet de Gueule Rouée，回声岛 îlet de l' Echo，干池岛 îlet de Mare Sèche 等等），它们是由于侵蚀作用而形成的，为葡萄种植提供了非常有利的场所。冰斗内部的土壤中贮藏着许多有机成分，有的地方因较高的 PH 值而富含锰，有的土壤则富含钙质和铁。

这里的气候由很多微气候组成。4 月中旬至 9 月中旬，南方的冬季美丽而干燥，但是因为气温凉爽，所以会有偶尔的霜冻。南方的夏季由于气旋的影响会对气候造成不小的干扰。夏季会有极高的降雨量（1963 年，几乎半小时的降雨量就有 100 毫升）和大约每年 2 000 小时不定的日照时间，以及很高的湿度（80％～85％不等）。

酿造西拉奥斯法定产区日常餐酒的葡萄园坐落在海拔 600～1 300 米的地方。

这个葡萄园特殊的土壤气候条件要求葡萄种植者们试验新的葡萄品种，以使如今种植的葡萄品种更加完整（白诗宁 Chenin、黑比诺、马尔贝克 Malbec）。葡萄种植者们挑选了很多品种，特别是源自马德拉岛的华帝露。曾经长时间批准使用的来自佛得角的伊莎贝尔（Isabelle）品种在 1975 年因其对神经的毒害作用而被禁止使用。

长期以来，葡萄收获之后都是以手工操作或家庭作坊的形式来酿造混合葡萄酒的。但是后来葡萄种植者们结成一个合作联盟，他

[14] 克里奥尔人，安的列斯群岛等地的白种人后裔。

们配备了现代的设备，因而能够将葡萄酒的质量保持在一个恒定的水准。葡萄酒酒窖因为具备了材质性能很好的酿酒酒库，所以能够完成所有的工序：从葡萄收获季节的结束直至葡萄酒装瓶。

通过酿造产区葡萄酒的高质量程序，西拉奥斯日常餐酒的出产激发了人们新的动力。葡萄种植业的复苏表现在以下两个方面：

葡萄种植者在售卖自家葡萄。

• 葡萄种植方面：酿酒葡萄品种（vitis vinifera）的种植，来自宗主国的多种多样的名贵品种，遵循产区的种种具体特点进行实践性研究，以使葡萄园适应热带气候，在留尼汪高地国家公园内进行合理的农业种植活动，培养懂得现代葡萄种植的会员，根据葡萄的成熟度进行手工和分类收获。

• 贸易方面，每项步骤都有理有据：具体区分产区葡萄酒、法国认可的原创且独特的高质量葡萄酒以及西拉奥斯标志性产品，后者是在真实公正的条件下制造而成，并且表达了葡萄酒天然的品质以及当地人热情好客的性格。

2000年至2003年间，白葡萄的收获量增长了61％，红葡萄则增长了100％。葡萄酒的种类包括了干白葡萄酒、玫瑰红葡萄酒、红葡萄酒和一种被评为“法国年度第一新酒”（premier primeur）的葡萄新酒。

如今，葡萄酒的前景十分令人振奋，这不仅表现在贸易方面，同时也表现在酿酒方针方面。葡萄种植的计划让人们可以期待名贵

[15]带酒渣陈酿（élé-vage sur lie）：将葡萄榨汁后，原汁与果肉在橡木桶内发酵，烘培一年后才滗清换桶。

[16]二氧化碳浸泡法（macération carbonique）：指特别在某些新酒酿制中采用的方法。完整的果实在无氧状态下的浸渍能够使芳香物质更容易释放。在葡萄中的酶的作用下，糖分开始发酵。通常在有氧状态下由酵母产生。

[17]法属波利尼西亚是中太平洋的岛群。意为“多岛群岛”。位于太平洋中部，180° 经线以东，南纬 30° 至北纬 30° 之间。陆地总面积约 20 000 平方千米。人口约 142 万，多为波利尼西亚人。

[18]土阿莫土群岛（Iles Tuam-otu）．太平洋中南部法属波利尼西亚东部岛群。位于南纬 14°-23°、西经 135°-149° 之间。由 80 多个珊瑚环礁组成。

葡萄品种种植面积的显著增长，特别是岛上引进了一些挑选好的新品种：大满胜（Gros Manseng）、华帝露、希拉、佳美（Gamay）、比诺。人们的目标是让名贵品种的种植面积达到 20 公顷。

人们以年老葡萄树的挑选、葡萄品种的组合以及新技术（带酒渣陈酿[15]、二氧化碳浸泡法[16]）为基础，同样预先制定了一些在酿酒和制造新产品方面的新方针。在不远的将来，预计每次远航都可以售出高达 100 000 瓶的葡萄酒。

西拉奥斯这个天然的火山岛因为它的刺绣机而闻名天下，可是历史并没有说它的葡萄酒更近似花边，或者它更酷似一发炸弹！

一条长长的海上横渡旅程在等待着我们。向东航行，最后的法国岛屿就坐落在太平洋的中心。

波利尼西亚 (Polynésie)[17]

一贯以来，波利尼西亚人都会在自家别墅或住宅脚下种上一株葡萄藤，这既是为了装饰又是为了娱乐。从 1993 年起，随着葡萄园的开发，这里又增加了一个新的经济维度，种植葡萄树就是在这样的纬度地带的最典型的选择。

波利尼西亚的温暖海水泛着青绿色的碧波。几年以来，海水在这片土地上孕育了一片超乎梦想之外的葡萄园，而挪亚当初是一定不会放弃这片葡萄园的！

1992 年，第一批葡萄插穗来到了这里。随后，一片葡萄园诞生在土阿莫土群岛[18]（Tuamotu）的朗日罗阿（Rangiroa）珊瑚环礁上，这里距离帕皮提（Papeete）只有 1 小时的飞机行程。

这片独出心裁的葡萄园在珊瑚高地上生长，它位于礁湖湖畔，由椰子树组成的篱笆保护它不会受到海洋的干扰！

葡萄树并没有可以构成它的植物生长周期的季节标志。通过剪短枝条、切断水流（水压）和摘除最大叶片，种植者希望能够让葡萄树有生长在冬季的幻觉！

在相反的情况下，持续生长的葡萄植株同时会提供成熟的果实或者正在走向成熟的浆果。

在无数次尝试之后，3 种葡萄品种组成了岛上的葡萄园：

* 佳丽酿（Carignan）：它有着红色的果实、白色的汁水，根据不同酿造方法的使用，可以酿成白葡萄酒或红葡萄酒。

* 汉堡麝香（Muscat de Hambourg）（玫瑰红葡萄酒）。

* 意大利品种（Italia）（白葡萄酒）。

含盐的空气和珊瑚礁土壤限制了昆虫的生存和疾病的出现：据记载，岛上的年降雨量是 2 升，而塔希提岛（Tahiti）[19] 则是 3 升。

贫瘠的钙化土壤可以享用一种丰富的混合肥料，它会被播洒在每一株苗木的脚

暴风雨中的小船，邦赛勒·拉法芝（Bancel La Farge，1865—？）。

[19] 塔希提岛，也译为塔西提岛（Tahiti），又称为大溪地，是南太平洋中部法属玻里尼西亚社会群岛中向风群岛的最大岛屿。

下，通过排列成行的椰子树的保护来避免气候中的不测风云：飓风或暴雨。

这些苗木都来自一种隧道形状的异国温室大棚，它们在经过阳光照射而变得温暖的土壤中生长，并且被重新施以混合肥料。

在藤架上绑缚幼苗十分奏效且极具保护作用，它可以扩展叶子的面积以使它能够最大限度地享受到短暂的光照，因为这里的白天只有 12 ～ 13 个小时。在这种系统中，光合作用也能达到最佳效果。

气候引起了强烈的水分蒸发。一种滴水灌溉系统（在宗主国是被禁止的）每天可以带来 5 升水，而这当然要得益于一种由太阳能驱动的机械系统。气候条件使得每年会有两次葡萄收获季节，分别是 5 月和 10 月，包括 6 个连续的步骤。葡萄园的产量一直比较低：大约每公顷 2 000 升！

这里的生态条件通过阳光和含盐量为产地带来了完美的健康状况。

葡萄收获季的产品接下来要通过船只运往（勃艮第）酒库所在的隔壁码头，那里贮藏着 50 000 瓶葡萄酒。

这里出产的葡萄酒包括：

* 红葡萄酒（搭配塔希提岛的美食 Ma’ a Tahiti[20]）；
* 玫瑰红葡萄酒（洒在生鱼上）；
* 干白葡萄酒（搭配礁湖的烧鱼）；
* 甜白葡萄酒。

在世界尽头的这座葡萄园有着同一性质的 11 公顷土地，它新颖且可以被开垦，种类别具一格，且没有任何当地的竞争者！葡萄园主在享乐至上的理念下，计划扩张更大面积的葡萄园，出产更加香醇的葡萄酒。

我们的葡萄种植岛屿环法之旅在此结束了，我们非常高兴地得知在海洋的中心，每一小块土地都受到了格外细心的照料。

[20] Ma’ a Tahiti：这是一种塔希提岛美食，包含豚、鱼和面包树的果实的菜肴在土地中挖掘出的一个炉灶中焖炖，然后包裹在香蕉树叶里放到生火的石头上以供食用。家庭聚会或节日庆祝使大盘 Ma’ a Tahiti 得以诞生。

这是一个怀揣在所有水手心中的梦想：不断地出发、重新欣赏这个世界。我们现在向你提出挑战：创建第一个葡萄种植岛屿的长距离海上帆船竞赛，它将被命名为“神明之风”（le Vent Divin）。这些热衷享乐的水手们必须结成船队航行，用12箱葡萄酒装填船舱，在每一个中转站既让自己享用又给他人品尝这些葡萄美酒。所有享誉盛名的葡萄园都可以派出一艘帆船，我们的比赛就是葡萄种植者世界的大使馆，并且永远秉持维护和平的精神。

我是一个永远的好奇者。——伊夫·科潘斯

运输葡萄酒的旅行一直是现代人关心的话题。但是这种对交通的关心，只不过是在葡萄酒与大海的相遇中所遇到的诸多问题中的一个。船舶本身与葡萄酒一同历险，并且在它们之间建立了多重关系：交通方式（中转）、加速器（从岛上回程的葡萄酒变得更加香醇）、庇护者（禁酒令限制下的葡萄酒）、与酒狂欢的休闲场所（横渡大西洋的航行，以及后来的享乐而奢华的游轮），等等。

在葡萄酒或者大海中间，人类一直处在探险活动的中心。

葡萄园的产品——葡萄酒，和大海的产品——盐，它们因为人类活动的介入而代表了一种相同的商业价值。我们是否会惊奇地发现或者震惊地注意到：昨天，罗马人还在以高卢的奴隶来交换葡萄酒酒瓮，在通布图（Tombouctou）[1]，一个奴隶等价于一个直径和他的脚一般长短的盐饼。而如今，士兵们得到以盐和葡萄酒为计数的报酬，而“盐”（sel）正是“工资”（salaire）这个单词的起源：这些受薪者包括船上的苦役犯、帆船海军的水手们和大型蒸汽邮轮上的运煤工。

盐和葡萄酒是那样的珍稀而宝贵，在一些国家，如加拿大和瑞

[1] 通布图，Tombouctou，原名廷巴克图（Timbuktu），是西非马里共和国的一个城市，位于撒哈拉沙漠南缘，尼日尔河北岸，历史上曾是伊斯兰文化中心之一。

地理大发现时代法国港口地理图。

典，它们难道不属于并且不总属于国家性质的垄断贸易吗？它们是国家收入的源头，尤其那著名的间接税和不计其数的在葡萄酒运输尤其是水上运输期间强制征收的各种税费。

我们昔日的港口如果没有葡萄酒贸易会变成什么样子呢？港口城市的发展得益于出口，而葡萄酒的海洋运输正如我们以上所阐述的那样，毫无疑问地推动了当地经济的发展以及附属于葡萄种植和葡萄酿酒活动的各种产业：机械、木材（箍桶业）、化学（杀菌产品）、海洋建造以及近期的葡萄酒旅游业。

大海是廉价而安全地将葡萄酒从产区运送到遥远的消费地的唯一方式，没有大海的葡萄酒会怎么样呢？大海使它避免了大路上的强盗偷袭，避免了酒桶的破坏以及葡萄酒的变酸！

如果盐是大海的灵魂，葡萄酒就是生活中的盐：没有盐当然就不能称其为生活，但是如果人生中缺少了葡萄酒，我们是否能说这样的人生就是值得的呢？

科学团体承认了盐和葡萄酒——这两个大海和葡萄园的高贵产

品——所具有的种种特质。这些特质首先在实践中被认可，后来又被人们展示出来：保存性、保护性，还有使人镇定的药剂作用。

葡萄酒和大海一直是两个自由、幸福、热情的领域，每一个人都可以根据自己的文化、口味和需求，在这本书的指引下，以更加快捷的方式和各种各样的信息来接触和了解这两个领域。

如果说大海将它所分开的事物又汇聚起来，那么这本书的唯一宗旨就是以好奇的目光去审视可以把两个看起来相差迥异的世界——葡萄酒的世界和咸水的世界——相结合的一切。希望我们已经吸引了读者们的目光，满足了朋友们的渴求，你们像我们一样充满着好奇心！

马尔克·拉格朗日

海上浮瓶

阿尔弗雷·德·维尼[1]

他用一只手拉着这位苍老的女伴，
另一只手，坚定地握住那漆黑而失去光泽的船舷。
封印上仍然带着香槟的纹章：
他绿色的衣领上，因着兰斯浪花的吹拂而已泛黄。
一个目光，水手自己回忆起
有一天他将所有船员都聚集在她的周围，
为了向那被赐福的国旗举杯致意。
风帆展开，人们欢腾庆祝；
每个男人都在他的桅杆那里举起了手中的杯盏；
每个人都在信号声中探出头来，
用突如其来的欢呼声从高处应答。
微笑的太阳将白帆染成金色；
搅动的空气重复着那些刚劲率直的声音，
那是人们向遥远故乡的高贵呼唤。
所有人的狂欢过后，每个人都在安静地做梦。
一缕幸福的闪电划亮了涡流的泡沫；
他在酒杯的深处望见了法兰西。
法兰西是每个人心之所系的地方：
一个人看到他年迈的父亲坐在壁炉的角落里，
数着他不在家的日子；在放牧者的桌子上，
他看到了一把空椅子，摆在姐姐的身旁。
另一个人在杯底看到了巴黎，他的女儿在那里弯着腰，
用罗盘标记着所有风吹来的方向，
她的泪水让藏着指针的玻璃褪了色，
她努力用鱼钩希冀找回她的爱人。
另一个人在杯底窥见了马赛，一个女人站起来，
她奔向港口，从沙滩中向他伸出一块手帕，
却没有发觉她的双脚早已深深地陷入了海水中。

[1]阿尔弗雷·德·维尼（Alfred de Vigny，1797—1863）法国19世纪浪漫派诗人、小说家、戏剧家。《海上浮瓶》(*La Bouteille à la Mer*)是他的代表作之一。此处是节选。整首诗表达了维尼感受中的人类的、一个民族的和个体的人无法回避的命运的象征。

180° 165 150° 135° 120°

图书在版编目（CIP）数据

葡萄酒与大海 /（法）拉格朗日 著；朱江月 译.—北京：东方出版社，2013.11
ISBN 978-7-5060-6998-4

Ⅰ.①葡… Ⅱ.①拉… ②朱… Ⅲ.①葡萄酒—文化—法国 Ⅳ.①TS971

中国版本图书馆CIP数据核字（2013）第265546号

葡萄酒与大海
（PUTAOJIU YU DAHAI）

作　　者：[法] 马尔克·拉格朗日（Marc Lagrange）
译　　者：朱江月
责任编辑：姬　利　陈丽娜
出　　版：东方出版社
发　　行：人民东方出版传媒有限公司
地　　址：北京市东城区朝阳门内大街166号
邮政编码：100706
印　　刷：小森印刷（北京）有限公司
版　　次：2014年3月第1版
印　　次：2014年3月第1次印刷
印　　数：1—5000册
开　　本：787毫米 × 1092毫米　1/16
印　　张：12.75
字　　数：138千字
书　　号：ISBN 978-7-5060-6998-4
定　　价：88.00元
发行电话：（010）65210056　65210060　65210062　65210063